城市群碳源碳汇空间格局研究

CHENGSHIQUN TANYUANTANHUI KONGJIANGEJU YANJIU

石羽 著

辽宁科学技术出版社
·沈阳·

图书在版编目（CIP）数据

城市群碳源碳汇空间格局研究 / 石羽著 . — 沈阳：
辽宁科学技术出版社，2021.9（2024.6重印）
ISBN 978-7-5591-2255-1

Ⅰ . ①城… Ⅱ . ①石… Ⅲ . ①城市群—碳—储量
—研究—辽宁 Ⅳ . ① X511

中国版本图书馆 CIP 数据核字（2021）第 193393 号

出版发行：辽丨科学技术出版社
　　　　　（地址：沈阳市和平区十一纬路 25 号　邮编：110003）
印　刷　者：沈阳丰泽彩色包装印刷有限公司
经　销　者：各地新华书店
幅面尺寸：215mm×260mm
印　　张：14.5
字　　数：280 千字
出版时间：2021 年 9 月第 1 版
印刷时间：2024 年 6 月第 2 次印刷
责任编辑：闻　通
封面设计：李　彤
责任校对：张树德
书　　号：ISBN 978-7-5591-2255-1
定　　价：68.00 元

联系电话：024-23284740
邮购热线：024-23284502

目　录

第一章　绪　论 ……………………………………………………………… 001

1.1 城市群碳源碳汇空间格局规划的背景 …………………………… 002

　1.1.1 全球气候变暖与碳储量 ………………………………………… 002

　1.1.2 城市群碳源碳汇对气候的影响因素 …………………………… 002

1.2 相关理论研究与综述 ……………………………………………… 004

　1.2.1 空间格局相关研究理论 ………………………………………… 004

　1.2.2 碳源碳汇研究综述 ……………………………………………… 008

1.3 城市群碳源碳汇的研究目的和意义 ……………………………… 012

　1.3.1 城市群碳源碳汇的研究目的 …………………………………… 012

　1.3.2 城市群碳源碳汇的研究意义 …………………………………… 013

第二章　城市群碳源碳汇规划方法研究 ………………………………… 015

2.1 城市群空间提取方法 ……………………………………………… 016

　2.1.1 均质高度的斑块划分 …………………………………………… 016

　2.1.2 建筑物轮廓信息提取 …………………………………………… 017

　2.1.3 建筑物高度反演 ………………………………………………… 020

　2.1.4 均质斑块建设容量计算 ………………………………………… 022

2.2 城市群碳源研究方法 ……………………………………………… 025

　2.2.1 居民相关碳足迹模型 …………………………………………… 026

　2.2.2 建筑相关碳足迹模型 …………………………………………… 027

　2.2.3 土地利用碳排放估算 …………………………………………… 028

　2.2.4 低碳土地利用评价 ……………………………………………… 029

2.3 城市群碳汇研究方法 ……………………………………………… 030

　2.3.1 样地调查方法 …………………………………………………… 031

2.3.2 农田生物量估算方法 ·· 033

2.3.3 森林土地利用模型简介 ······································ 033

2.3.4 森林景观模型模拟方法概述 ································ 038

2.4 城市群碳源碳汇预案分析方法 ······························ 040

2.4.1 土地利用 / 土地覆被变化研究进展 ···················· 041

2.4.2 土地利用变化模型与预测 ·································· 044

2.4.3 景观格局动态变化模拟预测 ································ 046

第三章 辽宁中部城市群碳源碳汇与空间格局优化 ············ 057

3.1 辽宁中部城市群碳源分析 ···································· 058

3.1.1 辽宁中部城市群建筑碳源分析 ························· 058

3.1.2 辽宁中部城市群三维建筑容量计算 ·················· 061

3.1.3 辽宁中部城市群各城市居民相关碳足迹 ············ 064

3.1.4 辽宁中部城市群碳排放总量 ··························· 066

3.1.5 辽宁中部城市群土地利用碳排放结果分析 ········· 068

3.1.6 辽宁中部城市群碳足迹评价 ··························· 071

3.1.7 小结 ··· 071

3.2 辽宁中部城市群碳汇分析 ···································· 072

3.2.1 辽宁中部城市群森林固碳速率和潜力 ··············· 073

3.2.2 辽宁中部城市群农田固碳速率和潜力 ··············· 079

3.2.3 辽宁中部城市群植被整体固碳速率和固碳潜力分析 ··· 085

3.2.4 小结 ··· 095

3.3 辽宁中部城市群碳源碳汇空间演变及预案分析 ·········· 095

3.3.1 辽宁中部城市群空间演变对碳源碳汇格局的影响 ··· 095

3.3.2 基于 CLUE-S 辽宁中部城市群碳源碳汇预案分析 ··· 101

3.3.3 土地利用类型转移弹性设置 ··························· 112

3.3.4 预案回归系数设定 ······································· 113

3.3.5 模拟结果 ·· 113

3.4 小结 ··· 121

第四章 沈阳沈北新区碳源碳汇空间规划实践 ················ 123

4.1 碳源碳汇空间格局构建方法 ································ 124

4.1.1 理想生态安全格局 ······································· 124

　　　4.1.2 低碳生态安全格局构建策略 ·· 126
　　　4.1.3 低碳生态安全格局 ·· 128
　　4.2 基于碳足迹的碳容量核算 ··· 128
　　　4.2.1 城区建设碳足迹排放源 ·· 128
　　　4.2.2 建筑自身碳足迹模型 ··· 129
　　　4.2.3 建筑运营碳足迹模型 ··· 133
　　　4.2.4 结果分析 ·· 135
　　4.3 基于碳足迹的碳汇核算 ··· 135
　　　4.3.1 沈北新区森林固碳速率和潜力 ·· 135
　　　4.3.2 沈北新区农田固碳速率和潜力 ·· 137
　　　4.3.3 沈北新区固碳速率和潜力分析 ·· 139
　　4.4 绿色 TOD 导向下的城市空间框架 ··· 140
　　　4.4.1 大区域绿色 TOD 的构架与协调 ··· 140
　　　4.4.2 以公共交通为导向的土地利用与功能空间布局 ······················ 141
　　　4.4.3 依托轨道交通，建立可持续的组团式空间布局，加强支路微循环建设 ····· 143
　　　4.4.4 提供便捷、高效、多样化的公交服务体系，引导居民绿色出行 ········ 144
　　　4.4.5 构建立体、多元的区域绿道系统，形成多样化的低碳服务路径 ········ 145
　　4.5 碳源碳汇布局下城区产业空间调整方法 ····································· 147
　　　4.5.1 产业区化石能源碳足迹核算 ··· 147
　　　4.5.2 产业空间布局 ·· 148
　　　4.5.3 产业体系支撑配套设施调整 ··· 149
　　　4.5.4 多样化的低碳产业社区单元的划分及实现 ···························· 149
　　4.6 碳源碳汇布局下城区规划策略 ·· 150
　　　4.6.1 低碳空间的营造及主题活动的策划 ····································· 150
　　　4.6.2 碳源碳汇空间布局下产区技术措施 ····································· 152
　　　4.6.3 碳源碳汇空间布局下政策的宣传及引导 ······························ 159

第五章　结　论 ··· 161

参考文献 ··· 165
附表 ·· 172
　　附录 A：辽宁中部城市群能源碳排放统计表 ·································· 172
　　附录 B：辽宁中部城市群植物样地数据 ······································· 200
后记 ·· 225

第一章

绪 论

1.1 城市群碳源碳汇空间格局规划的背景
1.2 相关理论研究与综述
1.3 城市群碳源碳汇的研究目的和意义

1.1 城市群碳源碳汇空间格局规划的背景

1.1.1 全球气候变暖与碳储量

全球气候变化是目前国际社会普遍关注的重大全球性问题。近一个世纪以来，全球气候变暖趋势加剧。1981—1990 年，全球平均气温比 100 年前上升了 0.48℃。导致全球变暖的主要原因是人类大量使用矿物燃料（如煤、石油等），排放出大量的 CO_2 等多种温室气体形成温室效应。温室效应不断积累，地气系统吸收与发射的能量不平衡，能量不断地在地气系统累积，从而导致温度上升，造成全球气候变暖。全球气候变暖会造成全球降水量重新分配、冰川和冻土消融以及海平面上升等，不仅危害自然生态系统的平衡，还影响着人类生存的各个方面。由于陆地温室气体排放造成大陆气温升高，从而与海洋温差变小，这样便造成了空气流动减慢，使得雾霾无法在短时间内消散，使得很多城市雾霾天气增多，影响人类健康。

陆地生态系统碳储量及其变化在全球碳循环和大气 CO_2 浓度变化中起着非常重要的作用，因而是全球气候变化研究中的重要问题。作为一个巨型碳库，据估算，全球陆地生态系统总碳储量为 2000~2500Pg（1Pg=1015g），其中全球植被碳储量为 500~600Pg，1m 厚土壤碳储量为 1500~1900Pg，后者为前者的 3 倍。诸多学者的研究也早已表明，全球的碳循环过程与人类活动，特别是与化石燃料的燃烧以及土地利用方式的变化有着密切的关系（Canadell 和 Mooney，1999）。近些年来，随着人们对土地开发强度的加大，在林地、草地以及湿地等具有"碳汇"功能的用地类型不断减少的同时，具有"碳源"功能的建设用地的规模却在不断扩大，这无疑成了导致空气中 CO_2 浓度持续升高的主要原因之一。气候变化专门委员会（IPCC）的报告同时显示，人类活动中土地利用变化导致的 CO_2 排放量，占人类活动产生碳排放总量的 1/3（IPCC，2000），土地利用变化是除了化石燃料燃烧之外对大气 CO_2 含量增加的最大的人为影响因素（李晓兵，1999）。

人类活动主要通过改变土地覆被或土地利用方式以及农林业活动中的经营管理措施影响着陆地生态系统的碳储量，如草地退化及其向耕地的转化都会使植被生物量减少，同时增大土壤中碳的释放。反之，退耕还林、退耕还草将有利于碳储量的增加。土地利用变化和农牧业活动不仅对植被碳库和土壤表层碳库有着显著影响，甚至可以激发土壤深层惰性碳库的流失。可以说，土地利用变化影响下 CO_2 的释放已不容忽视。

1.1.2 城市群碳源碳汇对气候的影响因素

全球气候变化不仅会对全球环境和生态产生重大影响，而且涉及人类社会的生产、消费和生活方式等社会经济的诸多方面。近些年来，在我国经济高速发展的同时，也带来了巨大的环境和碳排放问题，碳循环专家 Richard Houghton 指出，1850—1998 年间土地利用变化导致的 CO_2 排放量占人类活动产生的碳排放总量累计达到 $106.0 \times 10^8 t$，占人为碳源排放量的 30%，占同期全球土地利用变化碳排放量的 12%（Houghton，2002，中国国土资源报，2009）。

我国正处在快速工业化和城市化的进程中，尽管我国单位 GDP 能耗和温室气体的排放强度呈下降的趋势，但是能源消耗和温室气体的排放总量仍然保持持续增长的态势，并且短时期内无法扭转。依据科学家们对 2020 年碳排放的测算表明，中国产生的碳排放量将占全球碳排放总量的 18%，居世界第二位。因此，怎样才能既保持经济的增长势头，又逐步达到控制和减少碳排放的要求，实现生态环境的可持续发展，是我国和全世界共同面临的重要课题和挑战。

我国已经将土地利用结构的调控、发展低碳经济作为经济和社会发展的重要战略目标，《国家中长期科学和技术发展规划纲要（2006—2020 年）》中将土地利用 / 土地覆被变化作为人类活动对地球系统的影响机制研究的前沿课题之一，《国土资源部 2007—2008 年度节能减排工作方案》中也指出："要加强土地利用 / 土地覆被变化对全球气候变化的影响研究，分析不同区域土地资源演变的机理与全球变化的关系"。"十三五"规划提出：今后五年，单位 GDP 能耗、CO_2 排放量、用水量分别下降 15%、18%、23%。2010 年，当时的国土资源部下发 69 号《国土资源部关于坚决贯彻国务院部署进一步加大节能减排工作力度的通知》，到 2020 年单位 GDP 能耗、CO_2 排放量比 2005 年下降 40%~45% 的约束性指标。我国正在通过这些战略、政策以及科研的多角度推动土地结构和格局的科学化和低碳化。

因为城市人口众多，社会经济活动剧烈，对环境产生了较为深刻的影响，因此，城市的碳排放控制不可避免地成为低碳发展的重点，成为解决资源与环境复杂问题的关键。然而，人类的一切活动和进步最终都会在土地上并且通过土地来实现，土地利用结构作为社会经济发展和环境保护在空间上的投影，能够直接或间接地在空间上反映出社会经济发展程度、阶段和水平（钟佐洵，2010）。

土地利用结构的合理水平直接关系到经济社会发展的速度与质量。因此，在研究和探索城市化进程中也应研究区域土地的利用变化与碳源碳汇之间的关系。如城市群如何通过转变土地利用方式、优化土地利用格局来降低其碳排放量，实现区域碳减，既有助于土地资源与环境的保护，又能够保障社会经济的可持续发展，已经成为城市群空间格局调控的新课题。

1.2 相关理论研究与综述

1.2.1 空间格局相关研究理论

（1）城市群空间格局相关理论

城市群区域内城市之间存在相互作用和空间联系，以此为纽带将城镇结合为具有一定结构和功能的有机整体，即形成了城市空间分布体系。"田园城市"理论最早从城市群的角度进行探索性的研究和实践（图 1.1）。该理论建议围绕大城市应该建设分散、独立、自足的田园城市，以达到高度的城市生活与清净的乡村生活的有机融合，其实质是通过城镇群体的空间组合解决大城市无限扩张所带来的一系列城市问题。在理论模型中，各田

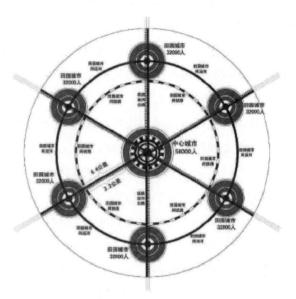

图 1.1　霍华德田园城市模型

园城市之间也保持了紧密的接触，在中心城市和田园城市之间也不乏广大乡村的腹地，田园城市的模型是最经典的城市群的模型。

第二次世界大战后，城市地理学与一般系统论的有机结合成功地开辟了城市群空间研究的一个崭新视角——城镇体系理论，其理论的核心支撑点是城市地理学与一般系统论。其研究的重点是在全局的视角下对行政管辖区域内所有的大城市和小城镇以及乡村等进行综合部署，重点关注的是综合性、系统性、资源配置的优化性。城镇体系规划综合分析了区位、自然、资源环境、经济社会发展、基础设施和公共服务设施等基本情况，科学评价了经济社会的发展条件和潜力，提出了推动经济社会发展的战略，制定了经济社会发展目标、方向和重点；分析研究了人口资源现状、剩余劳动力转化趋势和城镇化发展的动力机制，预测城乡人口的统筹分布和城镇化水平；合理确定了镇村体系发展目标与策略，镇村建设控制标准和布局的基本原则，科学创建了特色鲜明、梯次推进的中心城区—中心镇—一般镇—中心村—基层村五级镇村体系结构；确定了镇村的等级规模、重点发展地区和重点发展城镇，编制了一般镇域村庄建设整治的指导性规划；制定了村庄整治与建设的分类管理措施；配置了健全的城乡基础设施和社会服务设施，实现基础设施向农村延伸和社会

服务设施向农村覆盖；规范空间开发秩序，提出了空间管制的原则和措施，保护生态环境，促进了城乡协调快速可持续发展。

自 20 世纪 80 年代开始，国内外已对区域碳源碳汇开展了广泛研究，内容主要集中在碳源碳汇的核算、碳排放的主要影响因子解析、未来情景模拟与预测三方面。其中，关于碳源碳汇的核算，主要以 IPCC 发布的评估报告最具影响力和权威性，该组织先后发布了《IPCC 国家温室气体排放清单指南（1996）》和《IPCC 国家温室气体排放清单指南（2006）》，总结了温室气体排放清单的核算方法，为把握温室气体排放量提供了重要参考。我国许多学者基于 IPCC 指南方法对地区的能源碳排放进行核算和分析。在对影响碳排放的因素进行分析时，多采取因素分解法探究不同因素对碳排放的影响。关于未来情景预测的研究，主要包括分析某些行业（如工业、电力、交通等）碳排放的区域特征、未来变化情景和区域发展战略的宏观调控效果等，胡剑锋等实证分析了长三角地区的能源碳排放区域特征，对该地区 2050 年前的低碳目标进行不同的情景分析，并提出了结构调整的方案。以上研究为区域碳排放研究奠定了一定的理论基础，但目前对区域碳源碳汇进行全面核算的研究还不多见，其原因主要是碳源核算类别繁多，数据要求高，较难全面获取。另外，对于碳源碳汇时间变化特别是空间格局研究还相对较少，由城市化引发的建设用地快速扩张以及与耕地、林地、草地等土地类型间的转换是导致碳源碳汇变化的重要原因，将碳源碳汇与相应的土地利用类型相结合对其空间格局变化进行分析，这样更能从土地利用规划、国土开发等领域全面引导地区的低碳发展；再者，对于碳排放的驱动力分析多采用因素分解方法，更多地讨论各种社会经济变量如 GDP、人口、技术进步等对于碳排放的影响，而对其背后的政策影响分析研究还有待进一步完善。

（2）低碳空间格局相关理论

农业生产、森林草地的退化、城市建设以及土地利用方式的变化等人类活动深刻影响着陆地生态系统的碳循环，是导致全球碳排放增加的主要因素。因此，这些人类活动对生态系统的影响程度到底多大，如何精确估算和量化这些活动的碳排放价值以及估算这些变化对于陆地生态系统的碳平衡的影响程度，有助于为全球碳源碳汇的研究提供量化的参考，并且可以为生态系统的可持续发展提供科学依据。

谭丹、黄贤金（2008）测算了我国东部、中部、西部三大地区的碳排放总量，应用灰色关联度法解释了地区之间碳排放的差异性。研究结果表明，无论是碳排放量还是碳排放增速都是东部最大，其次是中部和西部。刘英、赵荣钦等（2010）构建了空间格局碳源碳汇研究的理论框架和计算模型并且从空间格局的角度分析了碳源碳汇的影响因素，研究对 1999—2008 年河南省不同空间格局方式的碳源碳汇状况及其强度进行了分析。孙建卫等（2010）基于 IPCC 温室气体清单方法，构建了基于温室气体清单的碳排放核算框架，同时收集了我国各行业的相关统计数据资料，计算了我国 1995—2005 年间的碳排放量。另外，还运用因素分解方法进行了碳排放量及强度变化因素的时间序列分析。杨勇（2007）等运用 IPCC 的碳排放计量方法对天津市 2008 年主要领域的碳排放量进行了核算。

国内外学者对城市空间格局的碳源碳汇效应进行了研究。R.A. Houghton（1999）对美国空间格局变化所产生的碳效应进行了测算，结果表明在 1945 年以前由空间格局变化产生的向大气中释放的碳为 $27 \pm 6Pg$，而其后由于一些森林火灾的及时扑救以及在已经撂荒的土地上进行栽种植被，只累积增加了 $2 \pm 2Pg$ 的碳。20 世纪 80 年代，由土地利用和管理所产生的净碳通量（净碳排放量）抵消了 10%~30% 的因化石燃料燃烧而排放的碳。

M.A. CASTILLO-SANTIAGO（2003）利用空间格局基础数据和高分辨率的遥感影像，以 1975—1996 年间南墨西哥恰帕斯的时间序列数据为基础，对该地区空间格局变化进行了定量化分析，并在此基础上建立了两个分析矩阵，用以测定森林砍伐、碳排放和空间格局变化的潜在影响因素的相关性。Canan & Crawford（2006）认为城市化带来的空间格局变化是造成林地退化、耕地减少、城市基础设施扩展、农业扩张和木材加工业增加的主要原因，同时也带来了碳排放的增加。Koemer & Klopatek（2002）以美国凤凰城为例，对自然荒地和人工开垦用地的碳密度与人为因素造成的碳排放进行了测算，并且对干旱区城市人类活动引起的土地利用变化和碳排放进行了计算并借助地理信息系统工具对所测算的数据进行了空间分析。

Hankey & Marshall（2010）根据美国最新的城市扩展规划，基于情景分析方法，设计了美国城市的 6 种不同的扩展情景，研究了城市形态对交通工具产生的碳排放量的影响，结果表明，紧凑型城市的碳减排潜力达到 15%~20%。

国内一些学者对土地利用的碳源碳汇也进行了研究。例如，陈广生、田汉勤（2007）认为不同区域内部自然状况及社会、经济条件不同，会导致区域内各种土地利用类型的碳储量、碳通量都存在较大差异，土地利用变化对碳循环的影响强度、区域差异、碳源碳汇等问题仍存在较大的空间差异和不确定性。顾凯平（2008）等通过植物分子式的方法对我国的森林碳汇量进行了估算；刘国华、傅伯杰等（2008）分析了我国森林碳储量、碳循环及其对全球碳循环和碳平衡的影响；朴世龙等（2004）分析了我国草地植被生物量及其空间分布格局；方精云（2007）等对 1999—2000 年中国陆地植被碳汇量进行了总体估算，得出了森林、草地、灌草丛等各种植被类型的碳汇能力；Guoliping（2001）等对中国水稻土的温室气体排放进行了分析；李颖等（2008）研究了江苏省土地利用方式的碳源碳汇；赖力、黄贤金等（2011）采用 IPCC 的清单方法对中国各个省区的碳蓄积、碳汇以及各种土地利用方式造成的碳排放进行了定量测算和分析，并与国土空间规划方案的碳源碳汇对比，提出了区域土地利用结构优化的方案，认为土地利用结构优化方案的碳减排潜力约为常规低碳政策的 1/3。其中，方精云和朴世龙建立并完善了我国陆地植被碳储量和土壤碳储量的研究方法，并且系统研究了大尺度下中国陆地生态系统的碳储量及变化，得到了广泛认可和应用。

对于不同土地利用类型，其碳排放效应存在显著差异。建设用地在很大程度上增加碳排放，而林地则能补偿人类能源活动产生的碳排放。另外，土地利用方式变化带来的碳排放也有所差别，一般来说，林地转化为建设用地、草地或农田会造成碳释放；反之，退耕还林、还草地及开展土地复垦和整理则会增加碳汇。

探索低碳的空间格局结构、规模和方式能在很大程度上降低人为碳排放的强度和速率。国内一些学者和研究机构近年来开展了低碳空间格局优化的研究与探索。潘海啸（2010）指出我国在快速城市化进程中，资源与环境面临巨大的挑战，城市的空间格局发展模式必须得到控制，并且从空间格局的视角对低碳城市的空间布局埋念进行了详细论述。张泉（2009）对国内外低碳建设理论和实践进行了总结，指出低碳城市规划主要应该关注城市形态、空间格局和城市发展、能源利用等方面，并针对低碳城市评价指标进行了探讨。郑伯红等（2013）对新疆乌鲁木齐西山新城低碳空间进行了优化研究，构建了不同碳排放情景模式，模拟不同规划方案碳排放动态情景，提出优化对策与建议。黄贤金（2010）认为：应通过土地资源时空配置、结构优化、规模控制、功能提升等方面有效地引导以空间格局为载体的经济社会发展方式的转变，从而推进低能耗、低排放、集约化的低碳空间格局发展方式。

游和远、吴次芳（2010）从能源消耗的角度，对30个省市的空间格局碳排放效率进行了研究，同时对26个碳排放效率非 DEA 的省份进行了优化，并从空间格局能源投入和对土地资源的产出配置角度进行了对策设计。王佳丽等（2010）采用数据包络分析法，对江苏省13市新一轮空间格局总体规划用地结构的相对碳效率进行了评价，研究认为规划有助于提高区域空间格局结构的相对碳效率。汤洁等（2010）基于碳平衡的视角，利用实测数据结合遥感影像数据对吉林省通榆县空间格局结构进行分析，测算了土地利用及覆被变化对碳储量的影响，并在此基础上应用线性规划方法对土地利用结构进行优化。

余德贵、吴群（2011）建立了区域土地利用和低碳优化动态调控模型，并以江苏省泰兴市为例进行实证研究。汪友结（2011）从低碳的视角，建立城市低碳土地利用的概念模型，并初步分析了城市土地低碳利用的内部静态测度与动态调控机制。杨立等（2011）根据能源总量、土地利用现状数据和碳排放（碳吸收）的相关系数，估算了曲周县碳源碳汇量，并采用 GIS 叠加分析法对土地利用现状各用地类型的碳汇适宜性进行了分类，进而以碳平衡为目标，对土地利用结构进行了调整和优化。何国松等（2012）通过对目标函数加入新的变量，采用改进的灰色多目标线性规划方法，对武汉市土地利用结构进行了优化研究，得出在进行优化时应适当限制建设用地的大幅度扩展以及适度退耕还林的结论。

卢珂、李国敏（2010）认为，要建立面向低碳发展的空间格局模式，一方面应对城市功能区进行合理布局，优化城市土地利用结构和空间布局方式；另一方面应构建低碳生态化的空间格局模式，保护自然植被和原始地面。陈从喜（2010）认为我们必须从土地利用结构、规模、方式、布局等方面全面增强碳汇能力，减少或抑制碳源的过快增长。通过低碳空间格局优化，要达到以下目标（赵荣钦，2010）：降低空间格局碳排放强度，实现空间格局的节约集约利用；增强空间格局的碳汇功能，控制建设用地规模；减少土地利用的能源消耗。形成低碳的空间格局方式和布局。通过空间格局结构优化实现土地利用的碳减排和调控目标。

综合国内外相关研究，多集中在低碳空间格局概念和内涵、城市空间格局与低碳城市、低碳空间格局模式及保障措施、低碳空间格局评价和模拟等方面。

针对低碳土地利用的概念，彭欢（2012）提出"低碳经济型土地利用模式"，认为低碳经济型土地利用模式就是兼顾"低碳"和"经济"，减少土地利用直接碳排放、间接碳排放；蒲春玲（2011）提出"低碳与环境友好型土地利用模式"，认为低碳土地利用本质是通过土地利用方式转变来实现碳的动态平衡及经济价值、社会价值、生态价值协调统一的。赵荣钦（2010）提出低碳土地利用四大目标：降低碳排放强度、增多碳汇功能、减少能源消耗，形成低碳土地利用方式和布局，增加土地碳吸纳能力以及实现土地的低碳经济型利用。

目前，关于低碳空间格局的研究主要集中在实现土地低碳利用的措施和模式上，而对低碳空间格局概念和内涵尚无统一理解，对区域低碳空间格局评价、预测和优化研究甚少。

1.2.2 碳源碳汇研究综述

（1）国外碳源碳汇研究进展

到目前为止，许多发达国家已经有所行动，开始展开低碳城市建设相关活动，不仅在能源结构、清洁能源开发以及低碳政策法规等方面开始约束大规模城镇化建设，在低碳城市空间格局方面也已经有所建树，正在建设未来符合低碳城市空间发展的道路上一步步前进。

①低碳观念的初始阶段。

从1980年开始，全球范围内已经多次召开生态环境研讨会来讨论关于气候变化对于生态环境产生的危害应对策略。经过多年探讨，最终在1990年达成一定共识，开展气候变化应对措施，以求达到降低城市总体能源碳排放的目的。在两年后的2月，联合国环境组织通过决议草拟了一份关于环境保护的国际合约，即《联合国气候变化框架公约》（简称《公约》）。但是，由于当时很多国家对环境保护意识薄弱，对威胁经济发展的环境保护公约拒不签署，最终仅有5个国家通过，同意能源碳排放的协议。该《公约》起草的主要目的是通过限制城市工业过度生产所引起的能源消耗导致的温室气体排放，来控制大气中由于成分比例改变而产生的气候改变，最终保护地球生态环境，降低全球大气污染。

②碳源碳汇监测阶段。

尽管大多数国家没有签订《公约》，但很多国家已经逐渐意识到大气污染对人类生存的紧迫性与重要性，同时，从低碳生态系统中的组成着手，实时监测各种类型碳元素组分。2001年，美国印第安纳州立大学的雷蒙德发表了《利用微气象学方法对芝加哥城市环境的碳通量研究》的文章。作者运用气象学相关方法进行CO_2测算，得出植物碳汇初步结论。绿地植被在中午时CO_2浓度最低，夜间CO_2浓度最高。同年，美国的马兰德博士发表了《农田土壤碳汇变化的评价》一文，作者也进行了CO_2通量的研究，通过对15年来美国农田的碳汇量变化进行总结分析，指导农田植物的空间格局。

2002年，美国亚利桑那州立大学的库姆等发表了《干旱城市环境人类活动CO_2排放的研究》一文。作者将由人的活动所引起的空气中CO_2变化作为研究对象，通过人的出行与生产生活活动对周边环境的影响，监测出人为活动引起的CO_2含量变化。并借助CO_2监测仪器，得出不同时间、不同地点的CO_2含量，同时基于CO_2数据进行相关分析得出初步结论，人为引起的交通CO_2排放与呼吸CO_2排放占环境总体CO_2的80%左右。

至此，人们由对能源碳排放的关注开始转向生态系统中各组分的碳排放与碳吸收的关系研究，而且相关研究手段更加精细。

③土地利用与碳排放结合阶段。

英霍夫等（2000）和米莱西等（2003）在相关研究中认为，城市自然绿地转变为城市建设用地，可对大气总体碳库产生很大的影响，会直接导致温室气体排放不均。

在碳排放与土地利用方面，英国是针对气候变化开始实施措施的先驱，主要是因为英国是最先产生"工业革命"的国家。近年来气候变化对地球影响越来越大，故英国率先开始实行气候变化应对策略，其也是最先实践低碳城市空间规划的国家。同时，英国在2008年通过各项研究，最后正式通过《气候变化法案》，并逐渐完善。

英国的城乡规划协会（TCPA）针对城市中不同类型地区的实验监测数据，提出不同种类的城市空间形态类型需要有相应的低碳规划措施。格莱泽和卡恩认为，城市规划对土地利用的方式与城市人居能源碳排放呈负相关关系，这个理论表明了土地利用约束程度越高，人居生活水平越低，城市整体经济水平越低。

④城市空间形态与碳排放结合阶段。

布冯等（2008）以马来西亚为例研究了城市各类产业能源消耗与城市形态的关系。通过对各类研究总结发现，如果在城市中形成高度紧凑的空间，可以有效减少人们因为工作与商业出行所产生的里程数，从而减少出行所引起的能源排放问题，所以发展紧凑型城市空间具有一定优势的同时也具有可行性。同年，科学家尤因等也总结了城市空间格局可以从电力与热力远程输送与城市热岛效应等三个途径来减少城市能源碳排放问题，而这三种途径的根本原因是能源燃烧所产生的能源消耗，这三种方式相互结合，共同影响城市空间形态。

⑤对全球碳汇空间情况实时关注阶段。

全球森林监察（Global Forest Watch）软件是谷歌公司在2014年最新推出的地图监测应用软件，它可以实时显示全球森林的覆盖情况。地图数据将有多个来源，其中包括NASA研究的森林面积覆盖率的分析数据。对于这项研究，谷歌公司表示，由于人类的不断破坏，全球的森林覆盖面积仍在不断减少。谷歌地图推出这个功能是为了让人们更加真切地了解现今这个严峻的情况。

针对这个软件的广泛应用，世界资源研究所（WRI）相关官员表示，全球森林监察地图在以后将成为提高人们保护森林意识的一个重要工具。同时他还建议，全球各国各地的政府、相关执法机构以及自然资源保护论者都能够好好利用这一地图软件，并依此做好当地土地资源的监控工作，实时关注当地绿地资源现状，并采取对应的措施来减少全球森林面积不断缩水的事情发生。

通过该系统数据显示，中国的森林覆盖面积达2.07亿hm^2，覆盖率为22%，与当时的国家林业局发布的数据非常相近，说明该系统还是有一定准确性的。从数据可以看出，近年来我国进行的植树造林计划已经取得了很大成效。在2005—2010年这短短5年时间里，中国森林面积增加了300万hm^2，不过，对于全国将近14亿的人口而言，人均森林资源仍非常低。

（2）国内碳源碳汇研究进展

①初始阶段。

中国古代的"风水学"研究是最早的关于土壤、空气、河流等生态环境的研究。"风水学"研究由来已久，"风水学"的中心思想是追求"天人合一"的境界，其精髓就是让大自然与人融为一体的哲学思想。"风水学"理论包含了古代人们对大自然的无限崇拜，在建筑中尤为明显。在住宅选址的过程中，古人按照"天人合一"的思想将住所选在依山傍水的地势环境中，这是对古代"风水学"的尊崇与遵循。

②碳源碳汇研究起步阶段。

国内开始对碳源碳汇的研究，起步相对比较晚，但方精云在这方面做出了一定的贡献。2000年，高等教育出版社出版了其主编的《全球生态学——气候变化与生态响应》一书，方精云成为国内专业人士关注气候变化的先驱。

2001年，方精云结合多年的理论成果，发表了《中国森林植被碳库的动态变化及其意义》一文。作者利用改革开放50年间7次森林资源调查中收集的资料，采用生物量换算的相关方法，推算了森林碳储备的数据，从而针对中国森林植被的碳源碳汇功能进行分析，得出相关结论。方精云是中国较早研究森林碳汇的专家之一，通过整理国外对碳排放多年的研究成果，使得各专家开始将目光由碳源转向绿地碳汇方面，并取得了较大的研究成果，有力地推进了中国在能源碳排放与绿地碳汇方面的研究进展。

之后的相关研究开始丰富起来，2002 年，中科院遥感所王绍强等发表了《东北地区陆地碳循环平衡模拟分析》一文。作者运用遥感和地理信息技术分析了东北地区植被相关情况，得出关于东北地区的绿地植被与土壤中的碳密度值，进而通过生物量因子法计算出植被和土壤中的碳含量数据。同年，北京林业大学的马钦彦等发表了《华北地区主要森林类型含碳率分析》一文。

③城市空间结构与能源碳排放相互结合阶段。

从 2008 年开始，关于城市空间结构与能源碳排放关系开始更加紧密，潘海啸等理论研究认为，城市空间结构与能源碳排放相互结合可以对城市经济发展产生一定的制约作用，并在城市能源碳排放的基础上，从城市总体规划、区域规划与控制性规划三个层次对城市规划的编制与修订方法进行调整，同时，在城市交通系统布局、城市功能区布局等方面进行细化调节。

同年，郭晶在城市产业结构调整与城市总体格局方面重点探讨了城市空间结构的调整优化对城市产业发展的重要作用。

在城市空间结构的研究中，潘海啸提出低等的城市空间结构，分析了城市交通运输领域对城市空间结构所产生的影响，认为城市立体空间可以有效地缓解城市发展对环境产生的压力。

④土地利用与紧凑型城市发展阶段。

2008 年，李颖等以江苏省为例分析了土地利用方式的碳排放效应，分别计算分析了在江苏省工业化、城市化快速发展的 10 年间，城市规划指导下的主要土地利用方式所产生的能源碳排放问题。

2009 年，王冗等在深圳生态城市规划实践研究中，提出了将紧凑集约利用土地与土地利用兼容控制相结合研究，这种土地利用中的功能区相互穿插结合可以有效整合城市生态空间。

2010 年，碳源碳汇理论开始与城市布局结合，周潮等认为应通过结合城市碳信息与城市空间形态的关联性以推出紧凑型城市发展策略，并认为交通空间的优化是城市低碳空间优化的有效措施。同年，龙惟定等认为低碳城市形态的主要特征也是紧凑型城市。

2012 年，吴正红等发表文章认为紧凑型城市也是现今提倡发展的城市空间形态措施，在政府职能指导下，紧凑型城市空间是合理的、符合时代现状的城市规划方式，也是城市研究中值得提倡的布局方式，是符合城市发展研究的。同时，节约土地利用也可以减少城市碳排放。之后的各项研究显示，紧凑型城市形态是现代城市发展中可以推行的布局措施。

⑤发展"零碳城市"阶段。

提出"零碳城市"概念的原因是城市发展速度的加快导致温室气体中的 CO_2 浓度过高。

近年来的气象学研究显示，20 世纪以来全球平均温度已经上升了 0.6℃。温度的持续升高直接导致了两极冰川融化、海平面上升等自然灾害的发生。

综上所述，城市空间格局与碳排放关系研究仍处在起步阶段，各类方法还在逐步完善中。但从现有的研究方法来看，相应研究已从初始的纯定性研究转为定量研究，从单一城市要素的研究转为多要素综合研究。现有研究多通过定量分析的方法探讨城市空间形态与碳排放的关系。因此，碳排放的测算和城市空间形态测度是相应研究的基础工作。由于碳排放源头多，相应的监测刚在发达国家试点，碳排放的估算与度量方法一直是学者们讨论的热点。通常可以通过经济数据、能源消耗数据等，采用统计分析、系统分析等相关方法对碳排放量及预测进行估算。我国碳排放的构成中，工业排放占很大比例，而工业部门间碳排放系数差别较大，因此，工业部门碳排放的估算很受重视。如，张德英采用系统拟真的方法对我国工业部门碳排放量进行了估算；王雪娜总结了目前能源类碳源碳排放量的研究现状，引入系统动力学的概念，针对社会能源类碳源碳排放量和交通运输部门的能源类碳源碳排放量进行了分析和建模；马忠海估算了我国煤电能源链、核电能源链和水电能源链的温室气体排放系数，并对水电站水库水体在不同季节的温室气体排放进行了实际测量。在以上研究的基础上，仲云云、仲伟周（2012）通过计算 1995—2009 年我国 29 个省市的碳排放量，研究了各地区碳排放量增长的 9 类驱动因素，揭示了我国碳排放的区域差异特征，其中人均 GDP 是促进碳排放量增长的决定因素，而产业部门能源强度的下降则是抑制碳排放量增长的主要因素。

1.3 城市群碳源碳汇的研究目的和意义

1.3.1 城市群碳源碳汇的研究目的

（1）构建区域碳源碳汇的分析方法

在传统生态规划的框架体系下引入低碳理念，从碳源碳汇空间分布的角度辅助城市生态规划，建立空间优化格局。由于我国的城市规划体系是在促进经济发展的基本前提下构建起来的，尽管近年来，城市规划逐渐加强对生态规划、环境保护等目标的建设，但在城市规划理论和指标体系中，没有将能源消耗、碳排放量、碳汇量等作为限制性要素。因此，需要应用 GIS 技术，在遥感影像解译的基础上提取空间信息、量化生态指标，结合社会、经济统计数据，从碳平衡理论出发，根据研究区实际状况与相关研究成果，选择几种要素作为城市空间的生态约束条件，制作空间分布图，相互叠加，并结合碳源碳汇的量化计算形成建立在碳源碳汇空间格局基础上的区域低碳优化方法。

（2）探讨建筑容量提取技术及应用

对于城市碳排放的量化计算研究，主要集中在城市各类建筑的 CO_2 排放量计算上，但是关于碳排放如何对城市空间格局的影响关系，以及在空间布局上如何指导城市生态格局以进一步指导城市规划的研究几乎没有。

本研究以城市群碳排放为依据的低碳空间规划为目标，研究城市群建设容量提取技术，计算建筑群建设容量及其碳足迹，明确建设容量的碳足迹与土地碳排放量对空间格局的影响。

（3）多角度探讨低碳空间格局优化方法

在示范区沈阳市沈北新区生态规划中利用空间信息监测分析，采用定性与定量分析相结合的方法，通过对沈北新区建筑全寿命周期碳排放、碳汇固碳量的分析，基于"三源绿地"布局模式构建了沈北新区理想低碳格局，进而完成了沈北新区低碳空间规划。依据低碳空间规划对现有城市总体规划进行调整，优化了沈北新区总体碳源碳汇空间格局，调整了产业布局，有效降低了沈北新区碳排放量，为低碳城市的规划提供了理论方法和实践经验。

1.3.2　城市群碳源碳汇的研究意义

我国城市消费全国 84% 的商业能源，并产生了大量的碳排放，城市特别是城镇群区域是我国碳减排的重点。城镇群区域土地利用变化剧烈，人口多，产业活动密集，能源消耗和碳排放较高，因此，对于城镇群的低碳规划和管理具有重要的现实意义，特别是作为我国典型老工业基地的辽宁中部城市群，在工业快速发展、衰落和振兴的过程中，城市群的空间结构、产业布局、能源消耗、污染排放和碳排放均发生了巨大变化。土地不仅仅是陆地生态系统碳源碳汇的自然载体，更是社会经济系统碳源的空间载体。土地利用/土地覆被的变化深刻影响着区域和城市的碳循环，区域碳循环的速率、强度和方向在很大程度上受制于区域土地利用方式、规模、结构和强度（赵荣钦，2012）。若能够转变土地利用结构、调整土地利用方式和优化土地利用格局，不仅有助于社会和生态环境的可持续发展，对于陆地碳汇的增加、减少碳排放也会起到关键作用。同时，可以为国际社会解决全球变暖的问题提供思路。另外，可以以此探索城镇群区域时空动态变化与产业布局、土地利用、空间结构、能源消耗和碳排放之间的规律和耦合关系，构建低碳的发展模式，提出城镇群低碳规划方法和路径。

当前，国际上已经提出了针对国家尺度的碳排放的计量方法，但由于多个城市主体和系统边界的问题，确定碳排放信息具有一定的难度。城镇群碳排放主要来自工业生产活动、建筑、交通、居民生活消费、土地利用变化等。产业活动、产业演变和土地利用格局对区域碳排放的影响作用机制仍不明确。通过建立城镇群碳信息时空动态的模拟预测模型，基于城镇群建筑、道路、产业等实体信息和能源消耗数据，进行城镇群碳排放信息的模拟模型的建立，是城镇群碳排放信息建模和预测的技术难点。

在我国低碳发展战略背景下，通过研究碳排放信息的时空演化，可以指导城镇群的产业布局、空间布局、节能减排和土地利用变化规律与规划调控；以城乡统筹和谐发展与资源高效利用为导向，结合国家低碳发展战略，以城镇区域为对象，从城镇区域层面出发，结合3S遥感技术以及各种数学模型，开展碳源碳汇信息、产业布局、空间拓展、城市开放空间规划，结合碳平衡理念对区域碳排放和碳汇进行测算，将为我国城镇区域建设与城镇健康发展提供有力的科学理性支撑。因此，对城市群碳源碳汇的研究不仅仅存在理论意义，而且更有其实践意义。

①对城市群碳源碳汇的研究目前大多停留在低碳经济和低碳土地利用的尺度和数量上，本研究将景观生态学、规划学以及3S遥感技术与城市群空间格局的研究相结合，探索多学科相结合，对合理的城镇群碳源碳汇空间格局优化控制方法的制定具有一定的指导意义。

②本研究利用3S遥感技术，将区域的空间信息与碳源碳汇结合起来，在二维空间格局动态监测的基础上，基于实测建筑高度数据提出以城镇群空间建设容积率为目标的城镇空间高度和密度信息人机交互快速识别方法，通过容积率的计算涉及建筑的密度和高度，研究包括典型区域提取和城市群尺度的快速提取技术，为城市群碳源碳汇的研究提供依据。

第二章

城市群碳源碳汇
规划方法研究

2.1 城市群空间提取方法
2.2 城市群碳源研究方法
2.3 城市群碳汇研究方法
2.4 城市群碳源碳汇预案分析方法

2.1 城市群空间提取方法

2.1.1 均质高度的斑块划分

根据高分辨率遥感影像，进行城市内部建筑群的均质高度斑块划分，并矢量化存储。

首先，将城市建成区内部的主要道路、次要道路、高速公路、国道、铁路等合并成为城市道路矢量线数据（图2.1），再将城市建成区内部的道路矢量线数据转化为矢量面数据（图2.2）。

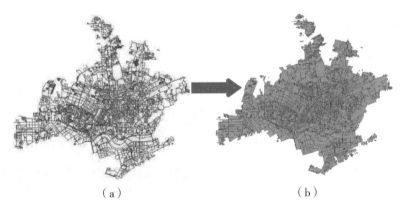

（a）　　　　　　　　　　　（b）

图2.1　高度斑块划分1图

依托高分辨率遥感影像并结合实地调查，将形状、高度相同的建筑物视为均质高度建筑物。通过GIS算法过滤掉面积极大、长度极长的矢量面数据，合并包含均质高度建筑的矢量面数据，最后只保留包含均质高度建筑物的斑块矢量面数据，即均质高度斑块划分。

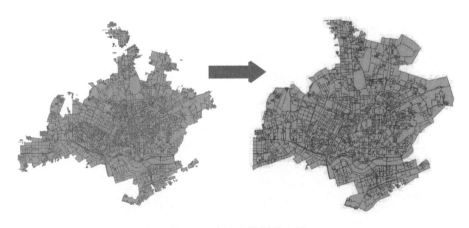

图2.2　高度斑块划分2图

2.1.2 建筑物轮廓信息提取

建筑物轮廓的提取利用了模式识别和图像分析领域的相关技术（区域标识和特征量测等）进行建筑物二维信息的提取。主要技术流程为图像预处理、边缘检测和边缘连接、去除阴影和植被、图像二值化、区域标识、特征量测和区域分割，最后对图像进行后期处理，矢量化存储并计算建筑物的投影面积。

（1）图像预处理

在图像分割前，有必要对原始图像进行适当的预处理以提高图像质量。预处理主要包括直方图均衡化和滤波处理等。其中，滤波处理采用均值滤波器或者中值滤波器对原图像进行平滑处理，去除图像噪声和个别孤立点，以改善图像质量。同时，为了尽可能地去除无用背景对分割结果的影响，在分割之前，先设定一个灰度阈值（这个值要取得相对低一些），把低于该阈值的像素灰度值设为 0，初步滤除部分干扰因素。经过预处理后得到的图像作为要进行目标分割的图像。

（2）边缘检测

边缘的类型多样，在本研究的试验图像上主要是阶跃型边缘。阶跃型边缘定位于其一阶导数的局部极值点，因此可以采用图像的一阶导数（即梯度）进行边缘检测。常用的梯度算子有 Roberts 算子、Prewitt 算子、Sobel 算子等。通常可以根据图像特征选择合适的梯度算子进行检测。

（3）边缘连接

前面的边缘检测处理仅得到处在边缘的像素点。实际上，由于噪声、不均匀照明而产生的边缘间断以及其他由于引入虚假的亮度间断所带来的影响，使得到的一组像素很少能完整地描绘出一条边缘。因此，在进行边缘检测算法后紧跟着要使用边缘连接方法将边缘像素组合成有意义的边缘。

（4）去除阴影和植被

通过密度分割法和监督分类法基本可以获得原始图像的阴影信息，而利用归一化植被指数（NDVI）可以有效地将试验数据上的植被信息提取出来，其计算公式为：NDVI=（NIR–R）/（NIR+R）。对这两幅图像进行直方图分析，确定合适的阈值，得到两幅二值图像。将这两幅二值图像取"并"然后与上面边缘检测和边缘连接处理后的图像进行"与"操作，可以很好地去除图像上的建筑物阴影和植被等干扰因素的影响。

（5）图像二值化

得到经过去除干扰因素（阴影、植被）的边缘检测图像后，要进行梯度图像的阈值化处理。借助直方图分析和人机交互的方式确定合适的阈值，可以发现目标物体（即前景）和背景内部的点低于阈值，而大多数边缘点高于阈值。然后，我们将低于该阈值的像元赋值为1,将高于该阈值的像元(即边缘像元)赋值为0,这样可以得到黑白翻转后的结果图像。

（6）区域标识

区域标识是进行独立区域的特征量测和统计处理的关键步骤。经过初步分割,二值图像被分为一系列区域,为了进一步区分建筑物目标区域与噪声区域,需要对图像中所有独立区域进行标识,然后才能够进行区域的特征量测,提取建筑物目标。区域标识的基本思想是：首先,从图像的某一位置出发,逐一进行像素扫描,在同一行中不连通的行程（灰度相同）上标上不同的号,不同的列也标上不同的号；其次,是逐次扫描全图,如果两个相邻的行（列）中有相连通的形成,则下行（列）的号改为上行（列）的号；最后,对标记的号进行排列,可得到图像中不连通区域的标识序列。得到了图像中目标区域的标识序列后,就可以对每一个感兴趣的目标进行特征量测。

（7）特征量测和区域分割

图像的形状量测是基本的图像测量方式。通常,图像上目标区域的几何形状参数主要包括周长、面积、最长轴、方位角、边界矩阵和形状系数等。由于进行建筑物目标分割,此处选定面积特征进行目标的特征量测。根据区域标识结果,对图像中的目标区域进行面积特征量测,即计算出各个区域所包含的像素个数。选定能够度量区域大小的面积（像素数）这个特征参数来去除小目标和孤立点,留下那些最有可能是建筑物的大小合适的区域。这里的阈值选取可以根据实际情况（如图像分辨率、不同区域）做调整。

经过初步的区域分割基本可以得到较为明显的目标分割结果,但是仍然存在较大面积的阴影、道路等目标的干扰,因此需要进行进一步的统计区域分割。由于建筑物形状多样、大小不一,应该根据特定的研究需要确定适合于该类目标提取的特征。本研究利用区域凸面积与区域面积的比值判断该区域是建筑物还是非建筑物。具体方法是首先分别进行面积和凸面积的计算,得到图像中所有目标区域的两类特征值,然后进行其比值的统计计算,最后选取合适的比例系数,对图像进行统计区域分割,从而得到建筑物目标区域。

整套建筑物轮廓提取过程可以在商业软件Envi5.0的辅助下自动完成（图2.3）。发现对象,并进行边缘检测、影像分割与合并（图2.4~图2.7）。

图2.3　建筑物轮廓提取1图

　　设置阈值，包括面积（像素）、延长线、紧密度、标准差、NDVI等。剔除干扰，得到二值化的图像。

图2.4　建筑物轮廓提取2图

　　特征提取结果可以选择以下结果输出：矢量结果及属性、分类图像及分割后的图像。另外，还有高级输出，包括属性图像和置信度图像；辅助数据包括规则图像及统计输出。

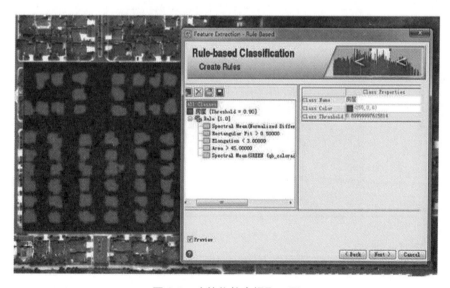

图2.5　建筑物轮廓提取3图

图 2.6　建筑物轮廓提取总体图

图 2.7　建筑物轮廓提取细部图

2.1.3　建筑物高度反演

建筑物高度的提取采用目前较成熟的阴影长度法，即通过高分辨率遥感影像垂直于建筑物阴影的阴影长度来反演。首先，采用人为干扰的计算机方法来提取垂直于建筑物的阴影长度，这种半自动提取方法需要先计算角点最近距离，然后进行长度和角度筛选，最后进行统计平均，并将提取出的阴影长度矢量化存储；接下来，根据之前实测的建筑物高度来反演阴影长度和建筑物实际高度的关系系数；最后，将矢量化的阴影长度乘以反演的系数得到阴影反演建筑物的高度，根据高度范围来划分建筑的层数（说明：为了进行快速提取，每个均质高度斑块只提取其内部一个建筑物的阴影长度，也就是说每个斑块只需要反演一个建筑物的高度即可，从而简化模型，提高运算效率）。

高分辨率遥感影像由于其独有的特点，使得在其上提取城市建筑物的一些基本属性信息成为可能，这些基本属性信息包括建筑物的地理位置、建筑物的高度和建筑物的面积等。而建筑物的阴影在其中扮演了重要角色，因为通过提取建筑物的阴影，可以计算其投影长度，再通过对太阳、卫星、建筑物和阴影的相对几何位置关系进行三角函数运算，进而求得建筑物的高度、面积等属性信息。

阴影提取建筑物信息的条件：建筑物处于平原地带，且四周地表平坦，无地形因素的干扰，如有些建筑物，因为其地基在道路以下，其在道路上的阴影发生偏移，此种情况阴影估算肯定会受到影响；建筑物外部结构比较简单，而且垂直于地表。此种情况有很多，如很多建筑物屋檐都有女儿墙等，或者建筑物外形不是规则的矩形，而是呈一定的曲线形状；建筑物垂直于地球表面。

设建筑物的高度为 H，建筑物阴影的实际长度为 S，建筑物阴影的可见长度为 L_2，卫星高度角为 α，太阳高度角为 β（图 2.8）。

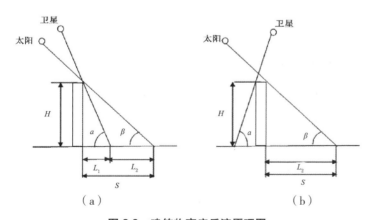

图 2.8　建筑物高度反演原理图

如图 2.8（a），当太阳和卫星的方位相同，即太阳和卫星位于建筑物的同一侧时，建筑物阴影的实际长度 $S=H/\beta$，遥感图像上阴影的可见长度为：

$$L_2=S-L_1=H/\tan\beta-H/\tan\alpha$$

可以求得这种情况下建筑物高度 H 和阴影可见长度之间的公式为：

$$H=L_2 \times \tan\alpha \times \tan\beta / (\tan\alpha - \tan\beta)$$

如图 2.8（b），当太阳和卫星的方位相反，即太阳和卫星位于建筑物的两侧时，建筑物阴影的实际长度 S 和遥感图像上阴影的可见长度 L_2 相等，此时 $L_1=0$。所以这种情况下建筑物高度 H 和阴影可见长度之间的公式为：

$$H=L_2 \times \tan\beta$$

综合以上两种情况的分析可以得知，通过阴影求建筑物高度的两种方法：如果已知遥感卫星图片中卫星的相关参数信息，如太阳高度角、太阳方位角和卫星高度角等，便可结合遥感图像中建筑物阴影的可见长度利用上述公式求出建筑物的实际高度。如果遥感卫星图片的卫星参数未知，在这种情况下，同一幅遥感图像内的卫星参数信息相同，设

$K_1=\tan\alpha \times \tan\beta / (\tan\alpha - \tan\beta)$

$K_2 = \tan\beta$

无论在哪种情况下，K_1 和 K_2 都为常数：

$H=L_2 \times K_i$（$i=1$，2）

即建筑物实际高度和其在遥感图像中与太阳光投射方向上的阴影长度成正比。在这种情况下，可以通过获得当地某一建筑物的实际高度来反求 K_i，从而计算出其他建筑物的高度信息。前期大量的实地采样的楼高信息既可以用来反演参数 K_i，也可以用来监测反演的结果。

阴影的提取可以用时下流行的商业软件，基本都可以自动提取出建筑物阴影信息，阴影的长度计算可以用分辨率乘以像元数来获得，也可以将提取的阴影信息矢量化后用商业软件来量测。

2.1.4 均质斑块建设容量计算

通过之前三个步骤的积累，得到了均质高度划分的斑块和每个斑块内部的均质高度以及均质高度建筑物的投影面积。

最终计算各斑块的单位面积建设容量为：

斑块建设容量 =（单体建筑物投影面积 × 建筑物高度 × 斑块内建筑物数量）/ 斑块面积

首先将建筑物轮廓矢量面数据转化为矢量点数据（以其几何中心为代表的点数据），接着利用判断点在多边形内部的算法即可统计斑块内部点的数量，也就是均质高度建筑物轮廓数量。

因为需要统计斑块内部均质高度建筑物的数量，这里参考 GIS 算法中的维数扩展 9 交集模型。运用维数扩展法，将 9 交集模型进行扩展，利用点、线、面的边界以及内部、余

之间的交集的维数作为空间关系描述的框架。对于几何实体的边界，它是比其更低一维的几何实体的集合。为此，点的边界为空集，线的边界为线的两个端点。当线为闭曲线时，线的边界为空集，面的边界由构成面的所有线构成。

在地理信息系统中，空间数据具有属性特征、空间特征和时间特征，基本数据类型包括属性数据、几何数据和空间关系数据（图2.9）。作为基本数据类型的空间关系数据主要指点/点、点/线、点/面、线/线、线/面、面/面之间的相互关系。

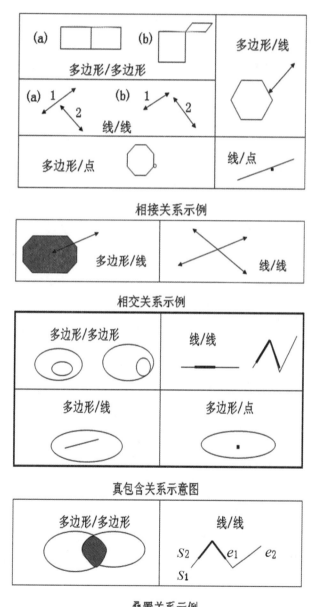

图 2.9　空间关系数据图

判断多边形是否在多边形内，只要判断多边形的每条边是否都在多边形内即可。判断一个有 m 个顶点的多边形是否在一个有 n 个顶点的多边形内复杂度为 $O(m \times n)$。

判断点是否在多边形内，判断点 P 是否在多边形中是计算几何中一个非常基本但是十分重要的算法。以点 P 为端点，向左方作射线 L，由于多边形是有界的，所以射线 L 的左端一定在多边形外，考虑沿着 L 从无穷远处开始自左向右移动，遇到和多边形的第一个交点的时候，进入了多边形的内部，遇到第二个交点的时候，离开了多边形……所以很容易看出当 L 和多边形的交点数目 C 是奇数的时候，点 P 在多边形内，是偶数时点 P 在多边形外。但是有些特殊情况要加以考虑。如图 2.10 所示，在图 2.10（a）中，L 和多边形的顶点相交，这时候交点只能计算一个；在图 2.10（b）中，L 和多边形顶点的交点不应被计算；在图 2.10（c）和图 2.10（d）中，L 和多边形的一条边重合，这条边应该忽略不计。如果 L 和多

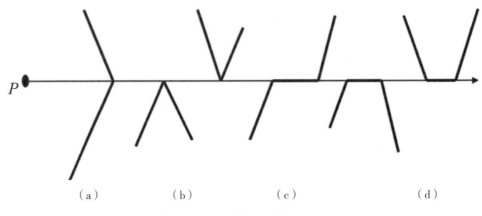

(a)　　　　　　(b)　　　　　　(c)　　　　　　(d)

图 2.10　计算过程演化图

边形的一条边重合，这条边应该忽略不计。

为了统一，我们在计算射线 L 和多边形的交点时：对于多边形的水平边不做考虑；对于多边形的顶点和 L 相交的情况，如果该顶点是其所属的边上纵坐标较大的顶点，则计数，否则忽略；对于 P 在多边形边上的情形，直接可判断 P 属于多边形。

由算法原理可知判断点在多边形内比判断多边形在多边形内的算法要容易得多，故在统计斑块内部均质高度建筑物数量时，只讨论其几何中心是否在斑块内部即可。首先，将建筑物轮廓矢量面数据转化为矢量点数据（以其几何中心为代表的点数据），然后，利用判断点在多边形内部的算法即可统计斑块内部点的数量，也就是均质高度建筑物轮廓数量（图 2.11）。

统计好建筑物数量即可进行斑块内部建筑物的随机选取工作，以斑块内部平均高度和平均基底面积作为斑块内均质高度随机选取建筑物的高度和基底面积。

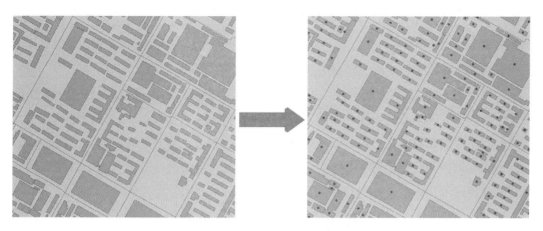

图 2.11　均质高度建筑物轮廓数量图

2.2　城市群碳源研究方法

　　"碳足迹"概念是在"生态足迹"理论和模型基础上发展起来的，主要是指在人类生产和消费活动中所排放的与气候变化相关的气体总量。相对于其他碳排放研究，碳足迹从生命周期的角度出发，破除所谓"有烟囱才有污染"的观念，分析产品生命周期或与活动直接和间接相关的碳排放过程。碳足迹分析方法从生命周期的视角分析碳排放的整个过程，并将个人或企业活动相关的温室气体排放量纳入考量，可以深度分析碳排放的本质过程，进而从源头上制订科学合理的碳减排计划（Christopher 和 Weber，2008）。

　　碳足迹研究主要有两类方法（Wiedmann 和 Minx，2007）：一是"自下而上"模型，以过程分析为基础；二是"自上而下"模型，以投入产出分析为基础。这两种方法的建立都依据生命周期评价的基本原理。各方法逐渐应用到不同尺度的碳足迹研究与特定产业/部门的碳足迹分析研究中。

　　不同尺度的碳足迹研究集中在个人、家庭、组织机构、城市、国家和产品等尺度。个人碳足迹是对每个人日常生活中的衣、食、住、行所导致的碳排放量加以估算的过程。2007 年 6 月 20 日，英国环境、食品及农村事务部（Defra）在其官方网站发布 CO_2 排放量计算器，让公众可以随时上网计算自己每天生活中排放的 CO_2 量。2006 年以来，我国国内一些网站也公布了 CO_2 排放量计算器，让公众可以借鉴使用。个人碳足迹计算都属于"自下而上"类型，即以个人日常生活中实际消费、交通形态为估算依据。另有一种计算方法依据"自上而下"模型，如以家户收支调查为基础，辅以环境投入产出分析，计算出一国中各家庭或是各收入阶层碳足迹的平均概况（王微等，2010）。国外碳足迹研究中对于家庭的碳足迹核算起步较早，且相对成熟。Christopher 和 Weber（2008）等运用区域间投入产出分析模型（MRIO）和生命周期评价方法，结合消费支出调查，分析了国际贸易对美国家庭碳足迹的影响。家庭尺度碳足迹研究的另一个主要方向是对碳足迹模型的评价分析。组织机构尺度的碳足迹分析主要集中在企业和学校两个方面。

特定产业/部门的碳足迹研究多对工业碳足迹、交通碳足迹、建筑碳足迹、供水系统碳足迹和医疗卫生碳足迹等进行分析。在工业碳足迹方面，为了探索更为合理的减排途径，国外学者对不同能源发展模式的碳足迹进行了对比分析，认为若低碳能源可以替代化石燃料，那么电力产业的碳足迹将会大大减少。此外，越来越多的研究证实，金属铜和水泥的生产及使用过程会排放大量的 CO_2 等温室气体。

随着源自交通工具的碳排放增长率逐年增加，研究交通碳足迹对于缓解全球变暖具有十分重要的意义。国内外学者在道路修建、车辆生产、燃料消耗等方面开展了一系列研究，但大多数国内外关于交通领域的碳足迹研究都只关注交通活动的某一方面，如道路等基础设施建设、车辆生产、车用燃料以及综合分析交通活动对环境产生的压力等。缺乏整体上对交通系统的碳足迹评价，即包括道路的施工、使用、破坏拆除和循环处理以及车辆的生产、运行、报废、再循环过程的全生命周期的碳排放。

建筑碳足迹多以生命周期评价（LCA）方法的基本概念和理论框架为基础，建立建筑物能源消耗和 CO_2 排放量的数学计算模型。在分析建筑生命周期时，主要以建材生产、建造施工、居住使用、破坏拆除和废建材处理 5 个阶段为主。用全生命周期评价法对传统民居进行碳足迹评价时，因为传统民居的建筑材料和施工工艺的独特性，其原理以及数据计算方法还有待进一步完善。尤其在数据获取方面，建立完善的、准确的、实用的建筑 LCA 数据库，对绿色建筑的研究与发展以及传统建筑的再生都具有很大的推动作用。

碳足迹分析方法从全新视角计算与评价碳排放，对正确而全面地评估温室气体效应具有十分重要的现实意义。我国的碳足迹研究仍处于起步阶段，因此，在碳足迹的概念内涵、研究方法和尺度上均有待于进一步加强。

2.2.1 居民相关碳足迹模型

居民相关碳足迹主要来自居民生产生活中消耗的能源所排放的碳，即能源消费的碳足迹，它反映了人类能源消费对生态空间的占用情况。

能源碳足迹源于生态足迹，是生态足迹中的一部分。随着研究的不断深入，能源碳足迹模型在原来生态足迹中能源消耗部分足迹计算的基础上进行不断改进，比较有代表性的改进模型有两种：一是尝试用区域净初级生产力来代替区域的碳吸收能力（方恺等，2010）；二是尝试用净生态系统生产力来代替区域的碳吸收能力（赵荣钦等，2010）。

本研究采用基于净初级生产力的改进模型对居民相关碳足迹进行计算，具体计算模型公式为：

$$EEF = \frac{C}{NPP_{reg}}$$

$$C = \sum_{i}^{n} E_i \times f_i \times c_i$$

$$NPP_{reg} = \sum_{j=1}^{m} \frac{A_j \times NPP_j}{A}$$

式中，EEF 为能源足迹总量，单位为 hm^2，用每年的足迹总量和人口数据可以得到人均能源足迹；

C 为碳排放总量，单位为 t；

i 为主要能源消费种类；

E_i 为第 i 种能源消费量原始数据，单位为 kg；

f_i 为第 i 种能源标准煤折算系数；

c_i 为第 i 种能源的碳排放系数；

NPP_{reg} 为区域净初级生产力，单位为 t/hm^2；

NPP_j 为第 j 类土地的净初级生产力，单位为 t/hm^2；

A_j 为第 j 类土地总面积，单位为 hm^2；

A 为区域土地总面积，单位为 hm^2。

本研究中主要考虑的土地类型包括耕地、林地和草地 3 种，年净初级生产力参考 Venetoulis 等（2008）计算结果：耕地为 $4.243t/hm^2$、林地为 $6.583t/hm^2$、草地为 $4.835t/hm^2$；能源标准煤折算系数和碳排放系数参考相关研究成果（史安娜、李淼，2011；蒋金荷，2011）。

2.2.2 建筑相关碳足迹模型

根据城市建筑活动的全生命周期，整个建筑活动可划分为建材准备、施工和拆除 3 个阶段。其中，建材准备阶段的碳足迹主要指因建材生产时机械的能源消耗、生产制备时的化学变化及建材从工厂运输至建筑工地的能源消耗所产生的碳足迹；施工阶段的碳足迹主要指施工中机械设备、车辆的能源消耗与建筑垃圾运输及处理过程中产生的碳足迹，即包括施工中产生的能源碳足迹和垃圾碳足迹两部分；拆除阶段的碳足迹主要指建筑物在拆除中使用的机械设备、车辆的能源消耗以及建筑垃圾运输、处理过程中产生的碳足迹。

（1）建材准备阶段碳足迹

具体计算模型公式为：

$$TE = \sum_{i=1}^{i} m_i \left[EF \times (1 - \alpha \times ESR) + IF \times (1 - \alpha) + L \times TF \right]$$

式中，TE 为建材准备阶段碳足迹，单位为 kg/m^2；

m_i 为建材 i 的消耗量，单位为 kg/m^2；

EF 为建材生产中因能源消耗引起的温室气体排放因子，单位为 kg/kg；

α 为建材在建筑拆除后的回收系数，单位为 %；

ESR 为建材回收后重新生产过程中的节能率，单位为 %；

IF 为建材生产制备时因化学变化产生的温室气体排放因子，单位为 $kg/（kg·km）$；

L 为建材运输距离，单位为 km，根据《中国统计年鉴》我国公路货运量约占总货运量的 75%，其他为铁路运输及水运。因此，此公式假定建材运输全部采用公路运输，且运输距离为 20km；

TF 为公路运输排放因子，单位为 $kg/（kg·km）$。

（2）施工阶段垃圾碳足迹

建筑垃圾中除木材外其余 4 种建材均不可降解，因为木材的垃圾产量较少，因此木材降解产生的碳足迹可忽略不计。施工阶段垃圾碳足迹主要包括建筑垃圾从施工场地运输到垃圾处理地的能源消耗及垃圾处理时机械运作的能源消耗产生的碳足迹，具体计算模型公式为：

$$WE = m \times （L \times TF + EF）$$

式中，WE 为施工阶段垃圾碳足迹，单位为 kg/m^2；

m 为建筑垃圾的产量，单位为 kg，采用建材施工损耗比例 β（%）计算；

L 为建筑垃圾运输距离，单位为 km，参考龚志起（2004）研究结果，取为 30km；

TF 为建筑垃圾运输排放因子，同建材准备阶段运输排放因子，单位为 $kg/（kg·km）$；

EF 为垃圾处理过程中机械运作的能源消耗引起的温室气体排放因子，单位为 kg/kg。

2.2.3 土地利用碳排放估算

《2006 年 IPCC 国家温室气体清单指南》（以下简称《2006 年 IPCC 清单》）（IPCC，2006）中提到 3 种基于土地利用数据分析土地利用碳排放的方法：第一种是只有各期土地利用总面积，无土地利用间转化数据；第二种是有土地利用总面积和土地利用转移矩阵的数据；第三种是有空间明晰的土地利用转移矩阵的数据。本文采用《2006 年 IPCC 清单》中提到的第一种方法，来计算辽宁省中部城市土地利用的碳排放量，并完成土地利用直接碳排放量测算。

JPCC 于 2006 年公布国家温室气体清单指南（WMO & UNEP，2006），其中将温室气体的排放源划分为能源，工业过程和产品用途，农业、林业和其他土地利用及废弃物 4 部分。

2.2.4　低碳土地利用评价

（1）低碳土地利用理论基础

低碳土地利用基于土地可持续利用理论、生态环境价值理论、脱钩理论、生态经济系统理论和土地优化配置理论等提出。

所谓低碳土地利用，是指在低碳经济这一新型发展模式的要求下，土地利用应抛开单一的"经济导向型"标准，重视土地的生态价值，提高土地的利用效率，降低土地利用碳排放强度，因地制宜地采取和推广"低排放、高效率、高效益"的土地利用方式。低碳土地利用以可持续发展思想为指导，以减量化、再利用、再循环为原则，通过土地利用结构调整、布局优化、集约利用，增加碳汇，减少碳源，降低碳排放，形成低排放、高效率、高效益的土地利用方式，实现土地利用碳排放降低和生态价值、社会价值、经济价值协调一致的土地功能的过程。具体来说，可以从"减排"和"增汇"两方面着手，减少土地利用直接碳排放、间接碳排放，增加土地碳吸收能力，实现土地的低碳利用。

低碳土地利用包含：

①以可持续发展思想为指导。

②遵循减量化、再利用、再循环"3R"原则。

③低碳土地利用调控通过土地资源优化配置实现，也就是土地利用结构调整和布局优化。

④降低土地利用碳排放。

⑤强调土地生态效益、经济效益、社会效益的协调统一。

（2）评价指标选取原则

低碳土地利用评价指标体系的构建是低碳土地利用从理论研究进入实践应用的重要环节，也是确定土地利用是否低碳的量化标准和指引土地朝着低碳化方向发展的重要依据。评价指标的选取要满足全明性、科学性、针对性、动态性和可操作性等要求。

（3）评价指标构建

基于低碳土地利用内涵和低碳土地利用评价指标选取原则，构建由目标层、支持层和指标层组成的指标体系。

①目标层：低碳土地利用指数（Low-Carbon Land-Use Index，LCLUI），用于定量反映不同区域、不同时间的低碳土地利用程度的差异。该指标是反映土地自然生态、社会经济、环境质量等综合属性的指标。

②支持层：为进一步反映区域土地利用系统各子系统低碳利用程度，以市域为研究尺度，设计了3个支持层：自然生态（Natural-Ecological Index，NI）、社会经济（Social-Economic Index，SI）、环境质量（Environmental Index，EI）。

③指标层：指标层是具体描述每一准则层影响土地低碳利用的基础性指标。低碳土地利用模式首先要求土地可持续利用，因此采用可持续评价方法——生态足迹法作为指标构建基础，相关指标的选取多基于生态足迹模型中的生态压力以及其与社会、经济、碳排放耦合的复合指标。低碳土地利用除了要求土地集约利用、实现土地经济价值最大化外，同时提出了土地利用的目标——低碳。因此，在评价指标体系中加入了土地利用碳排放相关指标。主要从自然生态、社会经济和环境质量 3 个方面选择，主要选择万元 GDP 碳足迹、人均碳足迹和人均碳排放量等。

（4）数据标准化处理

评价时，需要对各评价指标进行标准化处理，数据标准化处理方法主要采用极值标准化法。通过数据标准化处理，原始数据转换为无量纲化指标值，然后根据模型进行综合测评。

极值标准化方法基于数据最大值、最小值，处理后的标准化值处于[0，1]间。公式如下：

$$X_i = \frac{x_i - X_{\min}}{X_{\max} - X_{\min}}$$

式中，X_i 为指标的标准化值；

x_i 为指标的实际值；

$X_{\min}$ 为指标最小值；

$X_{\max}$ 为指标最大值。

（5）评价模型

低碳土地利用评价模型公式为：

$$LCLUI = NI \times W_{bi} + SI \times W_{bi} + EI \times W_{bi}$$

式中，LCLUI 代表低碳土地利用指数；

W_{bi} 代表 i 指标所属支持层权重；

NI 为自然生态分指数；

SI 为社会经济分指数；

EI 为环境质量分指数。

2.3 城市群碳汇研究方法

气候变化影响陆地生态系统的碳储量，研究表明陆地生态系统碳储量与气候变化有显著的正相关性，特别是末次间冰期以来，不同区域的生态系统碳储量随气候变化具有较大差异性（吴海斌、郭正堂等，2001）。即使不受气候变化的影响，土壤和植被中的碳也会随着自然演替发生变化，李元寿等使用地统计学的基本原理与方法（半方差分析）分析了青藏高原高寒草甸区土壤有机碳的变异特性（李元寿等，2009）。

陆地生态系统碳储量及其变化除了受气候变化及其自身演替的影响外，受人类活动影响越来越显著。国内外多位学者的研究表明，人类对自然资源的开发利用及开发利用方式对有机碳储量的变化和陆地生态系统碳循环具有重要影响。de Jong 等应用20世纪70年代的 LULC 地图和90年代的卫星影像，估算了墨西哥恰帕斯地区3个亚区的土地利用／土地覆被变化及其对碳通量的影响（de Jong，2000）。李家永等以千烟洲试验站为例，通过实测对比分析了红壤丘陵区不同土地利用方式对有机碳储量的变化和陆地生态系统碳循环的影响（李家永，2001）。结果表明，受人为活动干扰强烈的农田及人工草地系统有机碳储量较低。刘子刚等通过对湿地开发引起的碳释放的经济损失的估算，评价了湿地碳储存的价值及其附加效益，提出保护和增强湿地碳储存功能的经济手段（刘子刚，2002）。李凌浩综述了不合理的土地利用如草原开发和过度放牧对草原生态系统土壤碳储量的影响（李凌浩，1998）。

2.3.1 样地调查方法

生物量研究的传统方法可分为直接测定法和间接测定法。间接测定法主要有 CO_2 平衡法（气体交换法）、微气象场法（昼夜曲线法）（张慧芳等，2007）。CO_2 平衡法是将森林生态系统中的叶、枝、干和土壤等组分封闭在不同的气室内，根据气室 CO_2 浓度变化计算各个组分的光合速率与呼吸速率，进而推算出整个生态系统 CO_2 的流动和平衡量（薛立、杨鹏，2004）。微气象场法则与风向、风速和温度等因子测定相结合，通过测定从地表到林冠上层 CO_2 浓度的垂直梯度变化来估算生态系统 CO_2 的输入量和输出量（张元元，2009）。

直接测定法主要是收获法，也是国内外野外样地调查使用的最普遍的研究方法。可分为三类：皆伐法、平均木法和相对生长法（张志等，2011）。皆伐法是将单位面积上的林木，逐个伐倒后测定其各部分（树干、枝、叶、根系等）的鲜重，并换算成干重，将各部分的重量合计，即为单株树木的生物量。将各个单株生物量相加，可得到林分的乔木层生物量。林下植物的生物量测定也在样方单位面积上采用此法。皆伐法的精度高，但花费时间长，破坏性大，实际操作中难度较大（薛立、杨鹏，2004）。平均木法是根据样地每木调查的资料计算出全部立木的平均胸高断面积，选出代表该样地最接近这个均值的数株标准木，伐倒后求出平均木的生物量，再乘以该林分单位面积上的株数，得到单位面积上林分乔木层的生物量（赵敏、周广胜，2004）。这种方法比较适用于林木大小具有小的或中等离散度的正态频率分布的林分，如人工林（冯仲科、刘永霞，2005）。根据不同的测树因子（胸径、高度、断面积、干材积）可以得到不同的标准木，因此，生物量估算误差较大。相对生长法是在样地每木调查基础上，根据林木的径级分配，按径级选取大小不同的标准木，一般在株数较多的中央径级选取2~3株，其他径级各选取1~2株，需注意对两端的径级特别是最大的径级至少要选一株标准木，按前述的标准木调查方法，测定林木的各种生物量，再根据林木的各种生物量与某一测树学指标之间存在的相关关系，利用数理统计配置回归方程（薛立、杨鹏，2004）。实际操作中，常选用胸径作为代表性的测树学指标。基于传统方法而改进的生物量蓄积量转换方法（罗云建等，2009）、生物量换算因子法和连续生物量扩展因子法等（张志等，2011），更加合理地表达了森林生态系统各组成部分生物量分级信息，也被广泛地应用在森林生物量估算工作中。传统方法计算森林生物量精度比较高，但因生态系统的空间异质性，很难大尺度推广，只适合小尺度的生物量研究（巨文珍、农胜奇，2011）。然而，它为大尺度的森林生物量模型构建提供了样本数据，是大尺度森林生物量研究的基础。

（1）遥感信息参数方法

随着遥感技术的发展，在各种尺度上，多源遥感数据已经作为一种替代手段来定量研究森林地上生物量或碳储量（张志等，2011），且可以实现高精度、大面积的生物量估算。在各种遥感估测的方法中，最常用到的是基于逐步回归方程的方法，即利用多光谱卫星遥感数据及相关的植被指数（NDVI、RVI、SAVI 等）与森林地上生物量建立回归关系（张志等，2011）。基于冠层反射率的雷达数据反演模型也可以和森林样地结构与地形、卫星入射角、地面属性以及卫星数据辐亮度等之间建立更具有物理意义的联系，实现森林生物量估算（陈尔学，1999）。一些基于非参数的方法，如 K- 近邻法（许东等，2008）、支持向量机法（岳彩荣，2012）、人工神经元网络方法（范文义等，2011）等，也被用来估测森林地上生物量。

（2）模型模拟方法

模型模拟方法是通过数学模型估算森林生态系统生物量与碳储量信息的研究方法（张萍，2009）。模型是研究大尺度森林生态系统生物量的必要手段，按照模型构建机理可以分为经验模型、半经验模型、机制模型（韩爱惠，2009）。经验模型多为基于实地观测数据构建起来的数量方程，常用的 3 种类型为线性模型、非线性模型和多项式模型（许俊利、何学凯，2009）。线性模型和非线性模型根据自变量的多少，又可分为一元模型或多元模型。非线性模型应用最为广泛，其中，相对生长模型 CAR 模型和 VAR 模型最具代表性，是所有模型中应用最普遍的两种模型（李明泽，2010）。半经验模型是在结合野外实测数据因子的基础上，考虑生态系统内部的运行机制，力图用可量化的主导因子最好地表达生态系统自然状态下的运行模式。代表模型有 Holdridge 生命带模型、Chikugo 模型和综合自然植被净第一性生产力模型（周广胜，1998）。机制模型主要依据植被的光合作用、呼吸作用、分解和物质循环等过程的相互作用机理模拟森林植被碳循环。这种模型可以准确地描述在全球气候变化的情况下，各生理过程的相互影响，也可以长期地预测森林碳、水、氮等随气候变化而产生的一系列反应。代表模型有 Biome-BGC 模型和 LANDIS 模型（韩爱惠，2009）。

2.3.2 农田生物量估算方法

作物植被碳储量是全球陆地生态系统碳库的重要组成部分。目前，中国国内估算作物植被碳储量的方法主要有参数估算法、遥感资料反演法和环境参数模型法。

（1）参数估算法

该方法是将作物生物量通过一定的转换系数换算成碳储量。样地尺度的作物植被碳储量估算采用含碳率将作物样方生物量进行直接转换；而其余尺度作物植被碳储量的估算，则利用相关作物的统计数据及估算参数来进行估算（方精云等，2007；罗怀良，2009）。其计算公式如下：

$$S = \sum_{i=1}^{n} S_i = \sum_{i=1}^{n} C_i \times Q_i \times (1 - f_i)/E_i$$

$$D = S/A = \sum_{i=1}^{n} S_i/A$$

式中：S 为区域作物植被碳储量（t）；S_i 为第 i 类作物的碳储量（t）；C_i 为第 i 类作物的含碳率（%）；Q_i 为第 i 类作物产量（t）；E_i 为第 i 类作物的经济系数（收获指数）（%）；f_i 为第 i 类作物收获部分（果实）的水分系数（%）；n 为作物种类数；D 为区域作物平均碳密度（t/hm²）；A 为区域耕地面积（hm²）。

（2）遥感资料反演法

应用该方法可以快速获取作物植被碳储量的空间分布及其变化，常用于估算土地利用变化对植被碳储量的影响。该方法一般先利用高时空分辨率遥感影像估算植被生物量和净第一性生产力，然后分析土地利用对碳储量的影响（方精云等，2004；姜群鸥等，2008）。国内学者（方精云，2007）利用各省区作物平均生物量密度与相应的平均 NDVI（均一化植被指数）进行统计回归，再利用所得回归方程以及农业统计数据和各年份的 NDVI 数据，估算不同年份农业植被生物量碳密度的空间分布及时间变化。

（3）环境参数模型法

该方法利用环境因子与陆地植被生产力之间的关系建立模型，间接推算陆地植被生物量和碳储量变化。近年来，国内学者分别采用生态系统机理性模型（如 CEVSA）（孙睿、朱启疆，2001）、改进的光能利用率模型（陶波等，2003）、过程模型（如 CASA）（朴世龙等，2001）以及多种模型相结合（高志强、刘纪远，2008）对作物净初级生产力（碳储量）进行模拟研究。

2.3.3 森林土地利用模型简介

森林土地利用的结构、功能、过程及其对外界干扰的响应是森林土地利用生态学研究的核心内容（桑卫国等，1999）。森林生态系统的分布存在着空间上的广泛性和时间上的持久性。传统的森林群落调查方法难以研究森林土地利用的演替动态以及对外界干扰的响应。森林生长及其对外界环境的变化所产生的响应相对比较缓慢，存在较长的时间滞后效应（Ma et al.，2014）。研究长时间大范围内的森林土地利用对诸如气候变化的外界环境改变存在着极大困难。因此，森林土地利用模型的产生成为解决这一难题的重要手段。森林土地利用模型不仅需要包括森林自身生理过程和演替动态，更需要将外界环境的变化和干扰进行合理简化，从而反映到森林土地利用结构和功能的动态之中。

森林土地利用模型是建立在对森林生理生态过程、种间竞争、经营管理、空间干扰及其交互作用理解的基础之上，结合不同生境条件、物种组成特征等信息对森林的结构、功能的动态变化进行模拟的一种有效工具。模型的建立不单单是为了对未来可能的情况进行预测评估，同时也是对复杂的生态过程进行简化的思维过程。在利用森林土地利用模型进行研究的时候，我们可以根据不同生态过程和外界干扰条件设置不同的模拟情景参数，并提出假设，从而回答传统森林群落调查研究方法难以回答的问题。同时，我们还可以对模型的灵敏度和不确定性进行分析，从而能够合理评价模拟结果的有效性和准确性。

模拟森林土地利用动态变化的模型有很多，Horn 等（1989）把它们大致分为两大类：分析模型（Analytical Models）和模拟模型（Simulation Models）。根据研究范围尺度的不同，模拟模型又分为森林林窗模型和空间直观森林土地利用模型（Spatially Explicit Forest landscapemodel）。空间直观森林土地利用模型是一种在土地利用尺度上模拟异质森林土地利用的生态过程的模型，主要包含三方面的内容：土地利用异质性，这是空间直观森林土地利用模型的基本特点；土地利用尺度上生态过程的模拟；考虑模拟对象的空间位置及相互间的作用。与其他模型相比较，空间直观森林土地利用模型具有如下优点：空间直观森林土地利用模型追踪模拟对象的空间位置及其相互间的作用，加深我们对生态过程和土地利用对外界环境变化响应的理解；空间直观森林土地利用模型可进行较大时空尺度上的预测评估，这是林窗模型无法实现的；空间直观森林土地利用模型对多个尺度生态过程的考虑有助于进行尺度推绎，比如模拟小尺度上种子传播过程对大尺度上森林土地利用变化的影响。因此，空间直观森林土地利用模型已成为研究森林土地利用动态演替的有效方法。尤其是随着计算机技术的提高以及森林生态学和土地利用生态学理论与方法的发展，空间直观森林土地利用模型被大量地应用于森林土地利用变化及其对全球变化的响应研究中（徐崇刚，2006；周宇飞，2007）。空间直观土地利用模型成了在大时空尺度上研究森林土地利用对多种全球变化及其相互作用下响应的有用手段。

（1）空间直观森林土地利用模型的演化过程

空间直观森林土地利用模型起源于土地利用生态学和森林林窗模型的结合。森林林窗模型源于 20 世纪 70 年代（Botkin et al.，1972），主要基于如下 4 个假设（Bugmann，2001）：

①森林土地利用被简化为不同的小斑块（100~1000m²）。

②斑块内部被认为是均质的。

③树冠层被假设为极薄地分布在树干的上部。

④斑块之间没有相互作用。

上述 4 个假设在很大程度上简化了森林群落的结构。在计算机运算能力有限的情况下，这些假设使得对森林生态系统的模拟成为可能，从而出现了大量的森林林窗模型（图2.12）。

随着计算机技术的发展和对模拟过程考虑的加深，很多研究开始扩展森林林窗模型的初始假设。研究者开始引入种子传播等生态过程来模拟斑块之间的相互作用。但是，森林林窗模型不能模拟景观空间过程，同时也不考虑空间关系。随着森林景观生态学的产生和发展，森林林窗模型这一缺陷更加明显。森林景观生态学产生的一个重要原因是其对传统生态学演替顶级理论的改进和提升（Lavers and Haines-Young, 1994）。在自然和人类干扰下，极少有生态系统能达到演替顶级。与传统生态平衡不同，在森林景观生态学中景观平衡是指在特定干扰下的景观尺度上的动态平衡状态（Turner et al., 1993）。

目前，比较有影响的空间直观森林景观模型有 DISPATCH（Baker et al., 1991），CASCADE（Wallin et al., 1994），EMBYR（Gardner et al., 1996），FACET（Urban et al., 1999b），HARVEST（Gustafson and Crow, 1994，1996，1999），FIRE-BGC（Keane et al., 1995）和 SORTIE（Pacala et al., 1993；Pacala et al., 1996）等（图2.12、表2.1）。前 4 个模型仅模拟干扰或采伐单一的景观过程，不考虑植被或土地利用信息，没有对植被动态进行模拟，无法模拟森林景观对多种景观过程交互作用的响应。后 3 个模型由于受到计算能力的限制，只能在很小的空间（<100hm²）上进行模拟。而且，它们无法考虑景观水平上的空间干扰过程。

为了能够模拟土地利用空间过程，威斯康星大学麦迪逊分校的 Mladenoff 教授等人结合了样地尺度上的 JABOWA-FORET 森林林窗模型（Botkin et al., 1972；Shugart, 1984；Botkin, 1993）和土地利用尺度上的 LANDSIM 模型（Roberts, 1996）开发建立了空间直观森林土地利用模拟模型 LANDIS（He 和 Mladenoff, 1999；Mladenoff 和 He, 1999）。该模型模拟群落水平上的森林演替过程（包括种子传播、树种定植、种间竞争）、土地利用水平上的空间过程（包括火烧、风倒、采伐、病虫害等）及其相互作用。LANDIS 模型根据不同的预案设置，模拟不同土地利用过程或环境干扰驱动下的森林演替过程。模型基于栅格数据，追踪森林不同林龄组的存在与否的状态来评估森林的物种组成、生物量等状态。LANDIS 模型可以模拟较大空间范围内（10^4~10^7hm²）不超过 100 个树种的异质森林土地利用。它的空间分辨率可在较大范围内灵活调整，像元大小从 10m 到 500m 不等。模型自开发后已在 40 多个国家和地区的研究项目中得到采用，包括美国、加拿大、英国、芬兰、瑞士、苏格兰、印度、中国东北等（Franklin et al., 2001；He et al., 2002；Pennanen &

Kuuluvainen, 2002)。贺红士等建立了空间土地利用模型与森林林窗模型无缝联合理论，并用来预测美国森林对气候变化的反应（He et al., 1999; He et al., 2002）。他们用森林林窗模型来逐个模拟单一树种在不同生境中对气候变化的生长响应，再将这种响应转化为土地利用模型的输入参数（树种定植系数），再利用土地利用模型模拟树种的种子扩散、生长、死亡以及对诸如火扰、采伐等空间干扰的响应。这种理论更加贴切森林生长的合理过程，提高了模拟的真实性与可靠性。

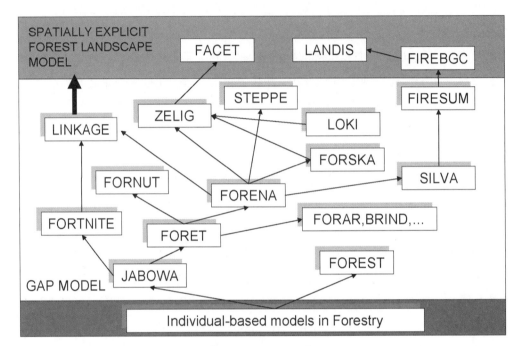

图 2.12　空间直观森林景观模型的发展

表 2.1　部分空间直观森林景观模型的基本信息

模型名称	开发者	开发时间（年）	建模地点	特征
Fire Gradient Model	Kessell	1976	美国南加利福尼亚州丛林	最早的空间直观景观模型，模拟火干扰格局和火后演替
DISPATCH	Baker 等	1991	美国明尼苏达州森林	模拟干扰状况改变对景观格局的影响
REFIRES	Davis 和 Burrows	1994	美国南加利福尼亚州丛林	模拟植被和干扰动态
HARVEST	Gustufson 和 Crow	1994	美国印第安纳州森林	模拟不同管理措施对森林景观的影响
EMBYR	Gardner 等	1996	美国黄石国家公园	模拟火干扰动态
LANDIS	Mladneoff 等	1996	美国威斯康星州北方森林	模拟森演替及干扰对森林景观的影响
FIREBGC	Keane 等	1996	美国落基山冰川国家公园	模拟火干扰过程
FORMOSAIC	Liu 和 Ashton	1998	东南亚热带雨林	森林景观动态预测模型

（引自周宇飞，2008）

近年来，空间直观森林景观模型被广泛地应用于森林景观生态学研究中，尤其是在探索森林景观对全球气候变暖的响应（Baker et al.，1991；He et al.，1999），人类经营管理（采伐、种植等）对森林的影响（Gustafson 和 Crow，1994，1996，1999；Shifley et al.，2000），空间干扰（火烧、风倒等）对森林景观格局的影响（Shang et al.，2004），森林病虫害对森林景观格局的影响（Sturtevant et al.，2004），以及景观格局设计（Perera et al.，2003；Larson et al.，2004）等研究中发挥了重要作用。同时，空间直观森林景观模型的模拟结果还为其他生态模型的参数输入提供了参考（Akcakaya，2001）。

目前，LANDIS 模型得到了广泛的关注和应用，研究人员开始关注对已有模型的内部算法进行改进（Yang et al.，2004），并扩展了不同的模块。基于对森林生理生态过程和大尺度的空间干扰的考虑程度不同，LANDIS 模型在 2004 年以后分为了两个新的升级版本，LANDIS Pro 和 LANDIS–Ⅱ模型。LANDIS Pro 模型更加侧重于对大尺度上的空间干扰过程，而 LANDIS–Ⅱ模型则更加关注森林生态系统生理过程以及大气—植被—土壤间的相互作用关系。两个模型都在原有 LANDIS 模型的基础框架之上开发了一系列的模块用于考虑更多的森林生态过程。两个模型目前最新的版本分别为 LANDIS Pro7.0 和 LANDIS–Ⅱ v6.0。LANDIS Pro7.0 模型的优势在于其增加了对每个林龄组中树种数量的考虑，从而可以定量地模拟森林斑块像元内树木个体的生长、死亡状况，并使得森林的生长过程得到了合理的简化，提高了计算机模型运算的效率。因此，LANDIS Pro7.0 模型的模拟范围也进一步扩大，最大可达千万 hm^2（Wang et al.，2014）。LANDIS–Ⅱ模型对森林生态系统过程的考虑更为深刻，同时其结合了其他样点尺度的生态系统模型，把大气—植被—土壤过程与森林景观动态进行了有机结合，考虑了更为细致的生理过程（Scheller 和 Mladenoff，2004；Scheller et al.，2008）。也正因为如此，LANDIS–Ⅱ模型对于计算机运算能力的要求更高。在目前条件下，LANDIS–Ⅱ模型的模拟范围一般不超过 500 万 hm^2。

（2）空间直观森林景观模型的运行机制

元胞自动机（Cellular Automation）理论是空间直观森林景观模型的建模理论依据。元胞自动机是建立在栅格阵列属性基础上的关于数学关系的建模途径。栅格模型是元胞自动机的一种表现形式，在栅格中按照地理位置来确定有机个体，从简单的邻域相互关系规则中推导出复杂的个体间相互作用的过程（Wolfram，1984）；另一种基于元胞自动机的建模途径是渗透模型（Percolation Model），它来自分形维数理论和排列的空间属性，常被用于分析空间干扰在景观中的扩散及传播。目前，空间直观森林景观模型的建模水平建立在森林景观生态学、空间干扰机制、元胞自动机理论和渗透阵列的数学方法及其相互交错影响的建模途径的基础之上（徐崇刚，2006；周宇飞，2007）。

空间直观森林景观模型在模拟大范围的森林景观时，会产生大量的结果数据。这些结果都是含有地理信息在内的森林景观的结构、组成和功能的动态。为了能够高效地分析模拟的结果，地理信息系统（GIS）软件通常会与空间直观森林景观模型结合在一起。地理信息系统通常用来贮存、分析、处理以及显示带有地理位置属性的空间数据（邵国凡等，1991）。地理信息系统与空间直观森林景观模型进行有机结合是模型结果表现的一个基本特征，而且地理信息系统已成为空间直观森林景观模型的通用开发环境（常禹等，2001；Pennanen 和 Kuuluvainen，2002）。模型与地理信息系统的连接是通过对模型输出或输出数据之间相互调用和读取来实现的。地理信息系统可以简单高效地建立模型输入参数文件以及对模型输出结果进行系统的分析。同时，地理信息系统还提供了相应的方法用于分析多尺度、多过程的空间直观景观模型的输出结果。由于受到计算机运算能力的限制，目前极少有森林景观模型直接嵌入到地理信息系统软件中，常用的方法仍是采用与 GIS 软件进行耦合分析的方法。

（3）空间直观森林景观模型的发展趋势

空间直观森林景观模型的发展从最初样点尺度上关注森林生长过程的森林林窗模型，逐步向空间直观化的方向发展。模型从仅考虑单一的生长过程向耦合空间干扰、种间竞争、种子扩散等多过程发展。空间直观森林景观模型目前已经能够输出包括生物量、土壤碳储量在内的森林生态系统功能参数。此外，模型模拟的时空范围也在不断扩大。已有大量关于空间直观森林景观模型的研究在回顾模型发展历程基础之上（Mladenoff 和 Baker，1999；常禹等，2001；郭晋平等，2001；Mladenoff，2004；Perry 和 Enright，2006；He，2008），同时对空间直观森林景观模型的发展趋势进行了相应总结（徐崇刚，2006；周宇飞，2007）。空间直观森林景观模型的发展趋势可以概括为以下几个方面：

①模型需要更多地考虑人类经营策略下森林的动态过程，提高模型的实用性和预测结果的准确性。

②标准化模型的输入参数，同时建立森林树种属性的数据库并确立建模的标准，扩展模型的适用性。

③开发针对模拟结果有效的验证方法，采取多尺度、多途径的验证方法，提高模拟结果的可信度。

④加强对模型不确定性和随机性的评价，筛选出敏感输入参数，进一步完善对生态过程模拟的机制。

2.3.4 森林景观模型模拟方法概述

树种组成、林龄结构、生物量以及碳储量是森林景观模型模拟的主要对象。这些结果的得到建立在对森林演替过程和空间干扰过程进行细致分析的基础之上。森林演替过程模拟成为森林景观模型建模的核心框架，如何将森林的演替过程简单有效地反映到模型的计算机算法中成为森林景观模型建模的关键问题。传统方法中，森林林窗模型建立了植被—

生态过程响应的关系，很好地模拟了森林的演替动态。然而，森林林窗模型仅适用在样点尺度进行模拟，如果推绎到景观尺度，则会导致模型计算量过大，超过计算机的运算能力，降低模型模拟的效率。因此，在景观尺度上，通常用简化的方式来代替森林演替的过程，通常有3种方法。

（1）空间过程替代法

这种方法不直接模拟样点尺度上的森林演替过程，而是采用空间差异来代替演替过程。例如，DISPATCH 和 ONFIRE 模型根据距上一次火烧时间间隔来代表林龄（Baker et al.，1991；Li et al.，1997）。FIRESCAPE 模型采用距上一次火烧时间间隔来反映森林可燃物的累积量（Cary，1998）。HARVEST 模型则采用距上一次采伐时间间隔来代表林龄（Gustafson 和 Crow，1996），实际上并不直接模拟森林演替，而采用空间代替时间的方法。在经常遭受毁灭性火干扰的生态系统中，火烧后，植被演替回到起点。在这类生态系统中，空间过程替代法能有效地模拟演替过程。

（2）演替路径法

采用演替路径法的模型包括：EMBYR（Gardner et al.，1996；Hargrove et al.，2000）、LANDSUM（Keane et al.，2002）和 SIMPPLLE（Chew et al.，2004）。在群落演替动态中，不同的森林群落类型表示不同的森林演替阶段（Successional Stage）。演替阶段是森林物种和年龄在特定环境条件下的一种组合。演替路径（Successional Pathway）是演替阶段之间的发展过程。根据顶级演替理论，在无干扰条件下，所有演替路径向着一个顶级群落或潜在植被型靠近。演替阶段之间的转化主要依靠一定时间的生长或外界对森林生长进行干扰后产生。因此，可以使用状态转化概率（马尔科夫链）来预测森林从一个演替阶段转化到另一个演替阶段。演替阶段、外界干扰以及转化概率可以由样点水平模型结合多时相数据以及野外观测的方法而获得。在演替路径法中，假设所有的演替进程和演替阶段都是已知的，不允许有未知的演替阶段。所以，该方法通常只能用于稳定生态系统的预测，而在模拟存在改变森林演替进程的因子时有着很大的局限性。

（3）生活史特征法

生活史特征法根据物种的生物学属性来预测物种在外界干扰作用下的变化。对物种演替和分布有影响的属性参数主要包括寿命、成熟年龄、萌发、竞争力（耐阴性）、扩散和对干扰的抵抗力（耐火性）等。利用此类方法的模型输出结果既可以是单个物种的动态，也可以是物种功能组（Functional Type）的动态。在生活史特征方式中，森林的演替过程主要根据样点尺度上物种间的竞争过程。在无干扰条件下，高竞争力的物种会排挤低竞争力的物种，从而获得更多的生境单元，达到稳定的演替顶级群落。然而，空间干扰及其交互作用能够改变物种的竞争力。干扰后，物种的恢复与它的寿命、成熟度、结实能力、萌发能力以及环境适宜性密切相关。采用生活史特征法的森林景观模型包括基于矢量多边形的 LANDSIM（Roberts，1996）和基于栅格的 LANDIS（Mladenoff，2004）。相比于演替路径法，生活史特征法在模拟森林的演替过程时更加灵活，且不需要预先设定演替阶段。生活史特征法的另一个优点是可以有效地模拟生态系统中重要的种子扩散过程。多个物种代表群落，每个物种都会随环境改变而发生相应的变化。

通过利用以上 3 种方法对森林演替过程进行建模时，对大气—植被—土壤间的能量传递和物质循环的考虑较为欠缺。为了解决这一问题，森林景观模型通常与能反映植被生理过程的生态系统模型耦合进行模拟。以样点尺度上的生态系统模型对森林中不同树种生长及其与环境之间的相互作用关系为基础，再根据不同树种在不同环境条件下的功能表现来反映它们的竞争能力大小，从而进一步将竞争能力量化为景观模型的输入参数来进行森林演替过程的模拟。这种做法的优势在于不仅考虑了小尺度上的森林树种生长过程，同时也将较大尺度上的空间干扰以及森林植被相互作用关系包含在模型内，使得模型的模拟结果更为可靠。LANDIS 模型在耦合预测的研究中展现出较好的模拟结果，同时 LANDIS 模型灵活的参数输入规则使得各种生态系统模型都可以被耦合其中。在已有的研究中，LINKAGES 模型和 PnET 模型是被耦合到 LANDIS 模型中最为广泛的两个生态系统模型（Xu et al.，2007；Li et al.，2013）。此外，也有研究利用概率模型（Logistic 模型）来预测物种竞争能力（布仁仓，2006；Bu et al.，2008），进而作为 LANDIS 模型的输入参数来模拟空间干扰对森林演替的影响。

2.4 城市群碳源碳汇预案分析方法

考虑到 LUCC 在全球变化中的重要作用以及问题本身的复杂性，国际地圈生物圈计划（IGBP）和国际全球环境变化人文因素计划（IHDP）两大国际组织于 1991 年组建了一个特别委员会，以研究自然科学家和社会科学家联手进行 LUCC 研究的可行性（罗湘华等，2000）。从此，各国科学家对 LUCC 进行了广泛而持久的研究。在过去的 10 多年中，LUCC 的研究内容从早期热带雨林砍伐的全球气候变化效应扩展到不同空间尺度（地方、区域和全球）的土地利用/土地覆被变化过程、驱动机制以及资源、生态、环境效应（主要是大气化学、气候、土壤、水文水资源、生物多样性等方面），对 LUCC 在环境变化中的作用和地位有了更加全面而深刻的认识（Lambin et al.，2000）。

在 IGBP 和 IHDP 执行的 15 年时间里，取得了巨大进展，并于 2002 年进入一个新的阶段（Guy et al.，2002）。作为 IGBP 八大核心研究计划和 IHDP 五大核心计划之一的 LUCC 研究，也发展到了 "Global Land Project（GLP）" 阶段。2003 年，IGBP 和 IHDP 为 GLP 制定了研究重点并提出了相关的科学问题（Moran，2003），为新时期 LUCC 研究指明了方向。和以往不同的是，这一阶段的 LUCC 研究加强了和 IGBP 其他项目（尤其是全球陆地生态系统变化项目"GCTE"）之间的合作，更加注重对土地变化科学的综合研究。在进行 LUCC 研究时，重点是把研究对象看成一个由人与自然环境构成的耦合系统，既要研究人类活动引起的土地利用／土地覆被变化导致的生态环境影响，更要研究这种影响对人类福利的反作用以及人类如何通过决策来对此做出响应。2005 年，IGBP 和 IHDP 联手为 GLP 制订了科学计划和实施策略（Ojima et al.，2005），使得新时期的土地利用／土地覆被研究更具有可操作性。在 IGBP Ⅰ阶段，主要侧重于研究 LUCC 的过程、驱动机制和建模以及资源、生态、环境效应。进入 IGBP Ⅱ阶段后，除了继续深化前一阶段的研究内容外，更注重研究人类面对 LUCC 及其效应的影响机制，以及如何在土地利用决策中降低风险性，实现可持续发展。然而，LUCC 研究并没有因为全球土地利用／土地覆被变化研究进入 GLP 阶段而过时，相反，GLP 研究能否取得成功在很大程度上还依赖于高质量的区域 LUCC 研究成果。LUCC 研究作为 GLP 深入研究的基础，依然是全球变化研究的前沿领域。

2.4.1 土地利用／土地覆被变化研究进展

土地利用／土地覆被变化研究是景观生态学的基础研究内容，许多学者利用景观格局指数和模型来描述 LUCC，取得了极有价值的成果（Riitter et al.，1995；Gustafson 和 Parker，1992；Gustafson，1998），这些研究有以下特点：以遥感数据（航空相片、卫星影像等）为基础；以 GIS 为主要工具；采用许多数学方法（如分维分析、地统计学等）对景观镶嵌体的空间格局进行量化；时间尺度一般在几十年到一百年；空间尺度一般在几百平方千米到几万平方千米。

在过去的 10 多年里，关于区域尺度的 LUCC 研究取得了长足进步。科学家对区域尺度上的 LUCC 研究主要有以下几种类型：

①行政单元，如大洲、国家及其下属的省、市、地区等（刘纪远、布和敖斯尔，2000；程国栋等，2001；刘纪远等，2002；刘纪远等，2003；李秀彬，1999）。

② LUCC 变化典型地区，如城市边缘地区、经济发达地区以及沿海地区（曾辉，1998；顾朝林，1999；朱会义等，2001；王波等，2001；田光进，2002；何书金等，2002；袁艺等，2003；高峻等，2003；郝润梅，2004；周青等，2004；李卫锋、王仰麟等，2004）。

③脆弱生态地区，如黄土地区（史纪安等，2003）、绿洲地区（姜琦刚、高村弘毅，2003；曹宇、欧阳华等，2005；王国友等，2006）、干旱地区（张华等，2003）、农林／农牧交错区（赖彦斌等，2002），以及喀斯特地区等（张惠远等，2000）。

（1）LUCC 格局与过程

格局与过程在 LUCC 研究中占有极其重要的地位。LUCC 研究的主要领域包括格局与过程、驱动力、模拟预测、资源生态环境效应。在这 4 个方面中，格局与过程研究处于基础地位，其他 3 个方面都建立在它的研究结果之上，结果的质量直接决定了后续研究的可信度。格局与过程研究的实质在于如何通过有效的手段来了解研究区的土地覆被、土地利用结构在研究时段内发生了何种变化，其关键在于如何准确地获取土地利用/土地覆被信息。空间对地观测技术、遥感解译技术、地理信息系统技术以及海量数据处理技术的出现，为不同尺度上的 LUCC 研究提供了可能。

早期的 LUCC 研究主要在全球尺度上展开，主要集中在森林、耕地和建设用地方面。20 世纪下半叶，世界各地的土地利用变化通过累积效应，致使全球尺度上土地覆被发生了明显的变化，这种变化对全球的整体生态环境状况和人类社会的可持续发展产生了巨大影响。全球土地覆被制图一度成为全球重要内容。为监测全球和大陆尺度上的植被状况，自 20 世纪 80 年代开始筹划利用 NOAA/AVHRR 的 1km 分辨率遥感数据建立全球陆地应用数据集，之后该项工作并入 IGBP 计划之中成为 IGBP-DIS 的一部分。全球 1km AVHRR 陆地数据集的最主要应用就是产生标准化植被指数（NDVI），通过 NDVI 值生成全球陆地覆盖图并用于监测季节性植被状况与变化（Loveland et al.，1997）。利用 NDVI 分类图，还可以研究冰川进退和沙漠的变化等。土地覆被格局制图是 LUCC 研究的基础，把不同时期的格局进行比较，才能弄清楚土地覆被变化过程。随着近代工业化和城市化进程的加快，城市面积的不断扩大在土地利用变化中显得日益重要。尽管城市面积仅占地球表面的 1% 左右，但其扩展速度却很快。据估计，1960 年以来，发展中国家的城市面积在以每年 3.5%～4.8% 的速度扩大。而且，城市的延伸取代了农业和自然生态系统，加上城市是温室气体排放的主要来源，以及城市作为最集中的生产和消费中心的地位，决定了这种土地利用变化对全球变化的重要意义。

进入 20 世纪 90 年代后期，在 IGBP 和 IHDP 等国际组织的倡导下，区域和地方尺度的 LUCC 研究开始得到更多的关注。在研究手段上，除了利用 MSS 和 TM 影像作为 LUCC 动态研究的数据源外，航片以及高分辨率的 Spot、Quickbird 等卫星影像也在小尺度上得到了广泛的应用。此外，微波遥感和高光谱遥感技术的发展，使得 LUCC 过程研究在深度和广度上不断发展。目前，卫星遥感影像已成为最主要的地面信息数据源。

尽管遥感技术（RS）、地理信息系统技术（GIS）以及全球卫星定位技术（GPS）的发展极大地推动了 LUCC 过程研究，但在 LUCC 过程研究中还存在着一些不可忽视的问题。一方面，在一些地形比较崎岖破碎的山区，地表"同物异谱"和"异物同谱"的现象比较普遍，这在很大程度上降低了遥感解译的精度。为了获取高质量的土地覆被图，需要进行深入的实地调查，摸清不明地类。然而，当研究区域尺度较大时，限于人力、物力，难以对研究区进行全面、深入的实地踏勘，建立足够可靠的遥感解译标志。另一方面，遥感解译中存在较大的主观随意性，解译结果受解译者的专业知识结构、对研究区的熟悉程度等因素的影响，不同的人对同一幅卫星影像解译出来的结果往往存在较大的差别。其结果是，不同专业背景的人员解译的土地覆被数据之间很难进行直接的对比，这为数据的共享和研究成果的推广带来了较大的负面影响。

（2）LUCC 驱动机制

从 1995 年 IGBP 和 IHDP 联合建立的 LUCC 核心计划一直到现在的 GLP，驱动力的研究一直都是重要内容之一（李秀彬，1996）。土地利用变化可以在人类个体行为和社会群体行为两个层面上得到解释（李秀彬，2002）。在 LUCC 计划兴起之初，Turner 等认为，引起 LUCC 的可能（人类）因素可分为六大类，即人口、富裕程度、技术、政治经济、政治结构以及观念和价值取向（Turner et al.，1993），以此奠定了后来 LUCC 驱动力研究的基本框架。各国科学家经过 10 多年的集中研究，在 LUCC 驱动力的诊断及模型构建等方面取得了长足的进步。

科学家注重驱动力的多因素综合研究，在驱动力的作用机制、模拟和预测等方面做了大量工作。对人口增长、收入、政策、市场、土地权属、社会变革、农业技术及城市化等对土地利用结构、土地覆被变化、耕地流失以及森林砍伐和恢复等的影响机理进行了分析（Dubroeucq et al.，2004；Veldkamp et al.，1997；Luckman et al.，1995）。在 LUCC 建模方面，多集中在区域尺度上，注重自然因素和社会经济因素的综合考虑，注重模型的空间表达性和预测能力，也注重模型在不同空间尺度上的整合（Hubacek，2001；Pontius，2001；Rounsevell et al.，2003；Overmars et al.，2003）。

我国对于 LUCC 驱动力的研究晚于国外，但我国土地开发利用时间长、地域差异明显、社会经济条件变化剧烈（尤其是最近 50 多年来），为开展 LUCC 研究提供了良好的条件。在过去的 10 多年间，我国学者围绕各级行政单元（张明等，1997；龙花楼、李秀彬，2002）、LUCC 剧烈地区（史培军等，2000；蒙吉军等，2002）等的土地利用和土地覆被变化的过程、驱动力诊断、数学建模与预测（刘盛和、何书金，2002；汤君友等，2003；张永民等，2003；陈佑启、Verburg P.H，2000a，2000b，2000c）等方面开展了大量研究。在驱动力方面，一般认为人口变化、经济发展、政策体制、技术进步、城市化、工业化、市场变化、全球化、观念和知识体系以及突发事件等是推动 LUCC 的主要原因。在驱动因素诊断和驱动机制分析方面，一般是通过典型相关分析、主成分分析、回归分析等定量分析手段和定性的对比分析来确定 LUCC 驱动因子，或对区域 LUCC 的可能影响因子进行直接的定性分析，以确定这些因素在 LUCC 中的作用大小和影响机理。

从目前掌握的文献来看，虽然 LUCC 驱动力研究取得了很大进步，尚存在以下不足：

①驱动因素在不同时空尺度和不同区域背景条件下的多样性以及它们之间相互联系的

复杂性，要求开展驱动力的综合研究（蔡运龙，2001a）。以往的研究主要侧重于人口、经济发展、农业技术、收入等对区域 LUCC 的单因素影响分析，而对其他因素（如城市化、政策体制以及全球化等）以及它们如何共同作用于 LUCC 涉及较少。

②在驱动因子诊断方面，一般是根据收集的统计资料，对区域土地利用/土地覆被的空间变化和相应的社会经济指标进行相关分析、典型相关分析、主成分分析或回归分析，以确定某一地类变化的主要影响因子。这种方法强调通过定量的方法来诊断驱动因子（蒙吉军等，2003；马其芳等，2003），但所得到的结果和地类变化之间的解释关系往往差强人意，而且常受到所收集资料和数据的限制而不能全面揭示 LUCC 的驱动因素及其动力机制，仅靠单纯的定量分析不能很好地满足 LUCC 驱动力研究的需要。因此，如何从众多的影响因素中筛选出 LUCC 后的真正驱动因子，揭示其驱动机制，需要从不同的角度对驱动因子进行诊断，分析其驱动机制，包括深入实地，对农户、政府官员等土地利用决策者进行调查。

③LUCC 过程以及主导驱动因素及其作用机制随时空条件的变化而不同，需要系统地选择有代表性的典型地区、热点地区或脆弱地区作为案例进行深入剖析。

2.4.2 土地利用变化模型与预测

土地利用/土地覆被变化的数学建模一直是 LUCC 研究的重要内容。近年来，许多学者在如何引入合适的方法描述、模拟和预测区域 LUCC 方面开展了广泛的研究。根据现有的研究文献来看，LUCC 模型可以分为三大类：一是用来定量描述研究区在某一时期土地覆被变化速率和幅度的模型，如单一土地利用动态度、土地利用度、土地覆被重心等。二是用来模拟和预测土地覆被变化的模型，一般是通过相关分析、典型相关分析、主成分分析等定量分析手段和定性的机制分析来诊断影响土地覆被变化的驱动因子，并在此基础上运用回归分析，建立各种土地利用/土地覆被类型和各驱动因子间的回归方程，以预测其未来变化。这种方法对于 LUCC 来说，虽可预测出未来土地利用/土地覆被在数量上的变化，但空间表达性差，无法回答未来 LUCC "where" 和 "how" 的问题。三是用来模拟和预测土地覆被数量和空间变化的模型，具有较强的空间表达性，可较为全面地模拟 LUCC。这方面的模型主要有 Agent-based 模型（Huigen，2004；Ligtenberg et al.，2004；Evan et al.，2004）、GTR 模型（龙花楼、李秀彬，2001）、CLUE 和 CLUE-S 模型（Verburg et al.，2002；张永民等，2003，2004；刘淼，2007；彭建、蔡运龙，2008）、马尔可夫模型（贾华等；1999）、元胞自动机模型（Wu，1998；Syphard et al.，2005；汤君友等，2003）、元胞自动机和系统动力学相结合的模型（何春阳等，2004，2005）以及 SLEUTH（黄秋昊，2005；蔺卿，2005；刘淼，2007）和 CLUE-S 结合的模型（邓祥征，2004）。

CA 模型可以模拟土地覆被在时间上的动态变化，具有较好的空间表达性，但该模型也存在不少问题，例如，模型重视生物物理因素对土地利用变化的影响，淡化了人类活动在土地利用变化中的作用，这与人类活动是 LUCC 的主要驱动因素的客观事实不相符（蔺卿等，2005；汤君友等，2003）。

Agent-based 模型较之元胞自动机模型更为完善，该模型一方面运用元胞自动机模拟影响 LUCC 的生物物理因素，另一方面通过引入 Agent（土地经营者个体或社会群体组织）来模拟人类的土地利用决策过程，模型设计更为合理，模拟效果也比较理想，得到了较为广泛的应用（Barredo et al.，2003；Syphard et al.，2005），但制约该模型应用的主要挑战是需要详细的小尺度数据（如家庭调查数据）来构建决策分析模型，仅靠遥感解译得到的 LUCC 结果不能满足模型需要。

SD 模型是建立在控制论、系统论、信息论基础上的，以研究反馈系统的结构、功能和动态行为为特征的一类动力学模型，能够从宏观上反映土地利用系统的结构、功能和行为之间的相互作用关系，从而考察系统在不同情景下的变化和趋势，为决策提供依据。但该模型缺乏空间概念使得模型很难将模拟结果在空间上予以直观地表达（蔺卿等，2005），为了克服这种缺陷，有的学者尝试将系统动力学模型和元胞自动机模型进行整合，在 LUCC 的时空动态模拟中取得了令人满意的效果（何春阳等，2004，2005）。

GTR 模型是传统模型的扩展，它将城市化作为土地利用变化的主要驱动因子，当地的自然条件也被考虑到了模型中，并与城市化一起并列为模型的两大解释成分。其中的 Thunen 成分包括城市中心人口和农村与城市间的距离，代表着来自区域城市中心的影响方面的两个状态变量。Ricardian 成分包括代表当地自然条件的海拔和坡度这两个变量（龙花楼、李秀彬，2001）。由于 GTR 模型是将城市化作为土地利用变化的主要因子，其适用范围受到明显限制。

SLEUTH 模型是城市增长与土地利用变化模型，由两个细胞自动机模型耦合在一起，即城市增长模型 UGM（Urban Growth Model）和土地利用变化模型 LCDM（Land Cover Deltatron Model）（Clark et al.，1997；Clark 和 Gaydo，1998）。该模型基于地方过去的城镇发展过程，引入地形、现存城镇分布、道路、时间和随机因素，模拟非城镇土地利用类型到城镇用地类型的转变，目的是考察新增长城市区域是如何吞噬周围土地，影响自然环境的。SLEUTH 模型的缺点是只能模拟有限数量的土地利用类型，类型数量过多将降低模拟精度，最重要的是没有考虑土地利用变化的社会经济驱动因素（吴晓青、刘淼，2007）。

CLUE 及 CLUE-S 模型把研究区按照一定的尺寸网络化，通过空间分析模块和非空间分析模块的配合来模拟和预测研究区土地利用的时空变化。和其他模型相比，CLUE 模型具有几大优点：可以整合 LUCC 的生物物理和人口、技术、富裕程度、市场、经济条件以及态度和价值取向等人类驱动因素，还可将一般模型难以考虑的政策等宏观因素纳入其中；可以整合研究不同空间尺度的区域 LUCC 过程和驱动力；可以综合模拟多种土地利用类型的时空变化；可以对不同的土地利用情景模式进行模拟，为决策提供更加科学的依据。

综合看来，该模型兼顾了土地利用系统中的社会经济和生物物理驱动因子，并在空间上反映土地利用变化的过程和结果，具有更高的可信度和更强的解释能力。解决社会经济因子的空间化问题将使该模型更加完善（蔺卿等，2005），从而使其成为一种比较完善的和理想的 LUCC 模型（彭建、蔡运龙，2008）。

2.4.3 景观格局动态变化模拟预测

（1）模型介绍

CLUE 模型是由荷兰瓦格宁根大学的 Veldcamp 等于 1996 年提出的，用来经验地定量模拟土地覆被空间分布与其影响因素之间关系的模型（Veldcamp et al.，1996b）。起初，该模型主要用于模拟国家和大洲尺度上的 LUCC，并在中美洲（Kok 和 Winograd，2002）、中国（Verburg 和 Chen，2000）、印度尼西亚的爪哇（Verburg et al.，1999）等国家和地区得到了成功应用。由于空间尺度较大，模型的分辨率很低，每个网格内的土地利用类型由其相对比例代表。而在较小尺度的 LUCC 研究中，由于分辨率变得更加精细，致使 CLUE 模型不能直接应用于区域尺度。因此，在原有模型的基础上，Verburg 等于 2002 年对 CLUE 模型进行了改进，提出了适用于区域尺度 LUCC 研究的 CLUE-S 模型（Verburg，2002）。2002 年 10 月发布了 CLUE-S 2.1 版，目前最新版本为 CLUE-S 2.4。CLUE-S 模型在区域尺度上获得了比较成功的应用，对于土地利用变化的模拟具有良好的空间表达性，该模型推出后，随即在国际 LUCC 学界引起广大学者的关注。近年来，我国一些学者开始尝试运用这一模型来研究我国一些地区的土地利用／土地覆被变化（张永民等，2003；段增强等，2004；陈佑启，Verburg P.H，2000a，2000b；摆万奇等，2005；刘淼，2007；彭建、蔡运龙，2008）。

（2）模型原理

CLUE-S 模型分为两个模块（图 2.13），即非空间需求模块（或称非空间分析模块）和空间分配过程模块（或称空间分析模块）。非空间需求模块计算研究每年所有土地利用类型的需求面积变化；空间分配过程模块以非空间需求模块计算结果作为输入数据，在基于栅格为基础的系统上根据模型规划对每年各种土地利用类型的需求进行空间分配，实现对土地利用变化的空间模型。目前，CLUE-S 模型只支持土地利用变化的空间分配，而非空间的土地利用变化需要事先运用别的方法进行计算或估计，然后作为参数进入模型。土地利用需求的计算方法多种多样，可以运用简单的趋势外推法、情景预测法，也可以运用复杂的宏观经济学模型，具体情况视研究区内最重要的土地利用变化类型以及需要考虑的变化情景而定。

在实际操作中，土地利用变化空间模拟的实现需要 4 个方面数据的支撑（图 2.14），即空间政策和限制、土地利用需求、土地利用转移设置和地类空间分布适宜性。

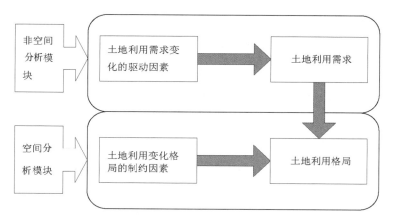

图 2.13 CLUE-S 模型流程示意图

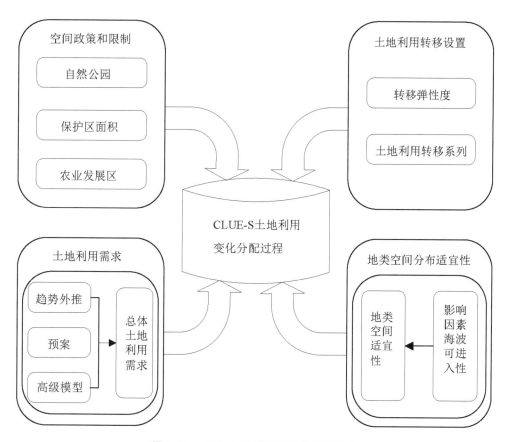

图 2.14 CLUE-S 模型的数据支撑体系

空间政策和限制会影响到土地利用需求，空间政策和限制主要是要指明哪些区域是因为特殊的政策或地权状况而在模拟期内不发生变化的区域，如自然保护区的森林，或国家划定的基本农田保护区等。

　　土地利用转移设置会影响到模拟的时间动态变化，对于每一种地类，需要表明其转移弹性（conversion elasticity），即在研究期内，一种地类转移为其他地类的可能性大小，一般用 0 到 1 之间的值来表示，值越接近 1，说明其转移的可能性越小，反之越大。例如，建设用地转移为其他地类的可能性很小，可设为 1，耕地既可转化为草地，也可转化为建设用地，还可转化为园地，其值就比较小。

　　用地需要预测的关键是要科学计算出每一种土地利用类型在预测期内的需求量，可以是正的，也可以是负的，这一步工作独立于 CLUE-S 模型之外，即在运行模型之前就要事先计算好。

　　在土地利用类型的空间分布适宜性分析中，需要计算出每一种地类在区域内每一个空间位置上出现的概率大小，然后比较同一位置上各种地类出现的概率，以确定哪种地类占优。出现概率的计算一般用二元逻辑斯蒂回归分析法计算，公式如下：

$$\text{Log}\left(\frac{P_i}{1-P_i}\right)=\beta_0+\beta_1 X_{1,i}+\beta_2 X_{2,i}+\cdots\cdots+\beta_n X_{n,i}$$

　　式中，P_i 为地类（如耕地、林地、水域、建设用地等）i 在某一位置上出现的概率；

　　$X_{n,i}$ 为地类分布格局影响因子（包括比较稳定的因子，如海拔、地形、坡度、动态较大的因子，如人口密度，距离交通道路的距离等）n 在该位置上的值；

　　β 为各影响因子的回归系数。

　　回归系数计算的实现途径较多，最常用的是 SPSS。在计算中，回归系数的显著性检验置信度一般至少要大于 95%（即 $\alpha \leq 0.05$），低于该值的影响因子不能进入回归方程。对于每一种地类来说，其回归方程中的影响因子组合可能是不一样的。此外，对于由此得到的地类概率分布还需要进一步检验，以评价用回归方程计算出的地类概率分布格局与真实的地类分布之间是否具有较高的一致性，检验采用 ROC 曲线（即受试者工作特征曲线），即看曲线下的面积大小。该值介于 0.5 ~ 1，一般来说，该值越接近于 1，说明该地类的概率分布和真实的地类分布之间具有较好的一致性，回归方程能较好地解释地类的空间分布，其后的土地利用分配越准确；反之，若该值等于 0.5，说明回归方程对地类分布的解释没有任何意义。

　　（3）数据处理

　　在 LUCC 的空间模拟中，需要建立一个对区域土地利用 / 土地覆被空间分布有重要影响的因子库。对于不同的区域而言，影响土地利用 / 土地覆被空间分布的因子库不完全相同。一般来说，CLUE-S 模型的运行至少需要一期的土地利用数据。而为了验证模型模拟的精度，至少需要两期的土地利用数据，最好间隔 10 年左右。对于不同土地利用类型空间格局动态变化的模拟，既需要土地利用数据，还需要那些影响土地利用空间分布的因子库，主要包括人口、土壤、气候以及基础设施条件。Verburg 等列出了运用 CLUE-S 模型模拟土地利用变化可能需要的基本数据，主要包括土地利用/土地覆被、具体作物（播种面积和产量）、畜牧业、人口数据、社会经济数据、管理数据、地理数据、生物物理数据等方面，具体采用哪些数据要视研究区土地利用变化的实际情况以及资料本身的可得性来决定。一般来说，相当一部分数据可以从人口地图和农业人口普查数据上获得（表2.2）。为了能更加准确地反映研究区的实际情况，社会经济数据的行政级别应尽可能地详细，以满足统计需要。

表 2.2　CLUE-S 模型中可能需要的具体数据及其用途

名称		用途
总体土地利用/土地覆被	耕地	所有土地利用变化模拟
	临时作物	
	永久作物	
	草地	
	林地	
	其他地类	
具体作物（播种面积和产量）	谷物	播种面积作用于作物分布模拟
	经济作物	产量用于作物产量模拟
	豆类	
	块茎作物	
	油料作物	
	蔬菜	
畜牧业	牛的数量	用于牲畜分布模拟
	猪的数量	
	羊的数量	
	家禽的数量	
人口数据	人口密度	用于各种模拟
	农村人口密度	
	城市人口密度	
	劳动力	
	农业劳动力	
	文盲率	

名称		用途
社会经济数据	收入或 GDP	当作为重要驱动力时可用
管理数据	灌溉面积	
	复种指数	
	施肥	用于作物产量模拟
	机械化	
地理数据	距离城镇距离	
	距离主要公路距离	用于所有模拟
	距离主要河流距离	
生物物理数据	DEM	
	地势	
	地貌	
	土壤肥力	
	土壤物理属性	
	土壤抗侵蚀性	用于所有模拟，可酌情选择
	水浸	
	降水	
	气温	
	干旱月数	

资料来源：Verburg et al.，2002。

（4）模拟方法

基于 CLUE-S 模型的基本原理，在具体案例研究中，进行土地利用 / 土地覆被变化模拟的具体操作步骤一般如下：

①回归系数计算。首先，准备一期土地利用 / 土地覆被数据，将其作为模拟时段初始时的土地利用状况，土地利用 / 土地覆被数据一般是遥感解译数据或现成的土地利用图。其次，收集相关的空间格局影响因子的资料，如 DEM、地貌图、水系图、交通图、城镇分布图、人口密度图、GDP 图等，并将其制作成具有一定分辨率和统一坐标系统的栅格涂层（由于分辨率的大小会直接影响到像元的数量以及以后的运算量，具体设置需要考虑研究区的具体空间尺度）。再次，先在 ArcGIS 平台下，把 Grid 格式转化为 ASC Ⅱ 格式。然后，借助于 CLUE-S 下的 Converter 模块，把 ASC Ⅱ 数据转化成 SPSS 可以识别的列数据。最后，在 SPSS 平台下，导入转化好的土地利用 / 土地覆被数据和影响因素列数据，并对

每一种地类与其所选的影响因素之间进行二元 Logistic 回归分析，求得相应的回归系数，并将其作为参数输入到 CLUE-S 模型中（即 Regression results 设定）。

②土地利用需求数据。运用趋势外推法、情景分析法、宏观经济模型等方法，分别预测各地类在预测期末可能的土地利用需求量，并作为参数输入到模型中（即 Demand 文件设定，可以有多种预案设定）。

③限制区域设定。若区域内有限制区域，即在模拟期间不会发生变化的区域，需要将其制作成单独的文件输入模型中，若没有此类区域，则需要制作一个完整的研究区空白边界文件输入模型中（即 Region_no-park 或 Region_park 设定）。

④驱动因子文件制作。在 CLUE-S 模型中，需要将驱动因子按照一定的顺序制作成 "*.fil" 文件，供模型运行时调用。这一步是模型模拟中最为关键也是最容易出问题的地方，一定要确保各文件在像元数量和大小上完全一致，否则会导致模型不收敛。

⑤主参数设定。模型的运算还涉及一系列的主要参数，在运算之前需要先行设定（表 2.3）。

⑥变化矩阵制作。确定预测期内，在一定情景模式下，各主要地类之间相互转移的可能性矩阵，若 A 地类可以转化成 B 地类，则为 1，否则为 0。

⑦计算概率密度图。在模型运算之前，可以计算每一地类空间分布的概率密度图，供研究者查看它们在研究区内的可能分布情况。这一步骤为可选，可以直接跳过。

⑧运行模型。当上述参数均设置正确以后，即可运行模型。在进行一定次数的迭代后，当土地利用的空间分配结果和需求预测的实际数量之间的差值达到一定的阈值时，模型收敛。

将模拟结果转化为可视化的地图。由于 CLUE-S 模型模拟的结果是 ASC Ⅱ格式，需要在 ArcGIS 平台下，运用 Toolbox 工具将其转化为可视化的 Grid 格式。

需要指出的是，在模拟之前，需要对模型进行检验，即用两期遥感解译的数据，将模拟结果和实际情况进行对比，评价模型效果的准确度。

表 2.3　CLUE-S 模型中的主要参数

编号	参数名称	类型
1	土地利用类型数量	整数型
2	区域数量（包括限制区域）	整数型
3	回归方程中的最大自变量数	整数型
4	总的驱动因子数	整数型
5	行数	整数型
6	列数	整数型

编号	参数名称	类型
7	像元面积	浮点型
8	原点 X 坐标	浮点型
9	原点 Y 坐标	浮点型
10	土地利用类型的数字编码	整数型
11	土地利用转移弹性编码	浮点型
12	迭代变量	浮点型
13	模拟起始和结束年份	整数型
14	动态变化解释因子的数字和编码	整数型
15	输出文件选项（1，0，−2或2）	整数型
16	区域具体回归选项（0，1或2）	整数型
17	土地利用初始状况（0，1或2）	整数型
18	邻域计算选项（0，1或2）	整数型
19	空间位置具体附加说明	整数型

（5）研究方法

应用面积统计柱状图和变化图对面积变化进行统计分析，统计各土地利用类型现状和在不同预案下的变化情况。

①景观指数分析法。景观指数能够反映研究区的整体变化情况，特别是反映景观的破碎化程度和多样性的变化。根据各景观指数的生态学意义和实用性（邬建国，2000；李秀珍等，2004），选取下列指数：

总斑块数（NP）。

a. 其取值范围为 NP ≥ 1。在类型水平上，它等于景观中某一斑块类型的总个数；在景观水平上等于景观中所有斑块的总数。它是一个非常简单且直观的景观指标，能够反映景观的空间格局，经常被用来描述整个景观的异质性，其值的大小与景观的破碎化程度有很好的正相关性，一般的规律是 NP 大，其景观的破碎化程度就高，相反，NP 小，表示景观的破碎化程度低。

b. 香农多样性指数（SHDI）。当 SHDI = 0 时，表示整个景观是由一个斑块组成的。随着 SHDI 值的增大，说明斑块类型增加或者是各斑块类型在景观中呈现均衡化趋势分布，其取值范围为 SHDI ≥ 0。它是一种基于信息论的测量指标，能够反映出景观的异质性，特别是对景观中各斑块类型非均匀分布状况较为敏感，强调稀有斑块类型对信息的贡献，在比较和分析不同景观或同一景观不同时期的多样性与异质性时十分重要。当一个景观系统中土地利用越丰富，其破碎化程度就越高，不定性的信息含量越大，SHDI 值也就越高。

c. 香农均匀度指数（SHEI）。当 SHEI = 0 时，表明景观仅由一种斑块类型组成，并无多样性而言；当 SHEI = 1 时，表明景观中各斑块类型均匀分布，具有最大的多样性。其取值范围为 0 ≤ SHEI ≤ 1。该指数与 SHDI 一样是比较不同景观或同一景观不同时期多样性变化的指标，当 SHEI 值较小时，说明景观受一种或少数几种斑块类型所支配；当 SHEI 接近 1 时，表明景观中没有明显的优势类型，并且各斑块类型在景观中均匀分布。

d. 蔓延度指数（CONTAG）。其取值范围为 0 < CONTAG ≤ 100，当 CONTAG 值较小时，表明景观中存在许多小的斑块；当 CONTAG 趋于 100 时，表明景观中有连通性极高的优势斑块类型存在。它主要用来描述景观中不同斑块类型的团聚程度或延展趋势，是描述景观空间格局的指标。一般高蔓延度值说明景观中某种优势斑块类型形成了良好的连接性，相反则说明景观具有多种要素的密集格局，景观的破碎化程度较高。

e. 聚集度（AI）。取值范围为 0 ≤ AI ≤ 100，其计算基于邻域并且使用单次计数法进行，其值越大，目标景观类型斑块的聚集程度越大。单类型景观无计算此指数必要。

指数计算基于美国俄勒冈州立大学森林科学系开发的景观指数计算软件 FRAGSTATS version3.3 以 grid 文件格式（网格为 250m × 250m）在景观水平上进行运算。

② Kappa 指数系列。

Kappa 指数一般用来评价遥感图像分类的正确程度和比较图件，由 Cohen 在 1960 年提出。把前一期和后一期的景观类型图进行空间叠加，得到景观类型在两幅图上的转移矩阵，以此计算 Kappa 指数，公式为：

$$\text{Kappa} = \frac{P_o - P_c}{P_p - P_c}$$

式中，$P_o = P_{11} + P_{22} + \cdots + P_{JJ}$，两期图件上类型一致部分的百分比，即观测值；$P_c = R_1 \times S_1 + R_2 \times S_2 + \cdots + R_J \times S_J$，后一期景观类型图上的期望值；$P_p = R_1 + R_2 + \cdots + R_J$，前一期与后一期景观类型变化程度，即真实值，两个图完全相同的情况下等于 1。

如果两期图完全一样，则 Kappa=1；如果观测值大于期望值，则 Kappa > 0；如果观测值等于期望值，则 Kappa=0；如果观测值小于期望值，则 Kappa < 0。通常，当 Kappa > 0.75 时，两图间的一致性较高，变化较小；当 0.4 ≤ Kappa ≤ 0.75 时，一致性一般，变化明显；当 Kappa < 0.4 时，一致性较差，变化较大（表 2.4）。

表 2.4　两图件的转移矩阵（ CJ 代表景观类型 J ）

前一期景观图	后一期景观图				
	$C1$	$C2$	$\cdots$	CJ	合计（Total）
$C1$	P_{11}	P_{12}	$\cdots$	P_{1J}	$S_1=\text{SUM}（P_{1j}）$
$C2$	P_{21}	P_{22}	$\cdots$	P_{2J}	$S_2=\text{SUM}（P_{2j}）$
$\cdots$	$\cdots$	$..$	$\cdots$	$\cdots$	$\cdots$
CJ	P_{J1}	P_{J2}	$\cdots$	P_{JJ}	$S_j=\text{SUM}（P_{Jj}）$
合计（Total）	$R_1=\text{SUM}（P_{J1}）$	$R_2=\text{SUM}（P_{J2}）$	$\cdots$	$R_J=\text{SUM}（P_{JJ}）$	1

　　Pontius 等进一步发展了 Kappa 系数的家族，它们可以量化数量错误（Quantity Error）和位置错误（Location Error）。数量错误是由于两图件上景观类型百分比的差异引起的，而位置错误是由同类像元空间错位引起的。在土地利用变化过程中，保持景观类型面积的能力可分为：无（简称 NQ）、中等（简称 MQ）和完全（简称 PQ）。在 NQ 情况下，无法保持景观类型面积，景观类型空间上随机分布，各类型占据相同的面积；在 PQ 情况下，完全保留了景观类型原面积；MQ 的情况位于 NQ 和 PQ 之间。同样，在土地利用变化过程中，保持像元空间位置的能力可分为：无（简称 NL）、中等（简称 ML）和完全（简称 PL）。在 NL 情况下，无法确定景观类型的空间位置，各景观类型在空间上随机分布；在 PL 情况下，完全准确地保持了景观类型的空间位置，两图件完全相同；ML 的情况是位于 NL 和 PL 之间（表 2.5）。

表 2.5　百分比正确程度的分类

保持数量能力	确定位置的能力		
	无（None, NL）	中等（Medium, ML）	完全（Perfect, PL）
无（None, NQ）	$1/J$	$（1/J）+\text{KLocation}\left[（\text{NQPL}-（1/J）\right]$	$\sum_{j=1}^{J}\text{MIN}[（1/J）,R_J]$
中等（Medium, MQ）	$\sum_{j=1}^{J}（S_j \times R_j）$		$\sum_{j=1}^{J}\text{MIN}(S_j,R_j)$
完全（Perfect, PQ）	$\sum_{j=1}^{J}（R_j^2）$	$\text{PQNL}+\text{KLocation}\times（1-\text{PQNL}）$	1

　　表中，$J=$ 景观类型总数；$j=$ 某个景观类型；$S_j=$ 类型 j 在前一个图上的百分比；$R_j=$ 类型 j 在后一个图上的百分比；$\text{KLocation}=（P_o-\text{MQNL}）/（\text{MQPL}-\text{MQNL}）$。利用以上数据，可以计算不同的 Kappa 系数，分别为：

a. 标准 Kappa 系数：简称 KStandard，以 MQNL（土地利用变化的驱动力仅有中等保持数量的能力，而没有保持空间位置的能力）作为期望值，评价综合信息变化的 Kappa 系数。

$$KStandard = \frac{P_o - MQNL}{1 - MQNL}$$

b. 随机 Kappa 系数：简称 KNo，是以 NQNL（土地利用变化的驱动力既没有保持数量的能力，又没有保持空间位置的能力）作为期望值的 Kappa 系数，评价景观综合信息的变化。

$$KNo = \frac{P_o - NQNL}{1 - NQNL}$$

c. 位置 Kappa 系数：简称 KLocation，以 NQNL（土地利用变化的驱动力既没有保持数量的能力，又没有保持空间位置的能力）作为期望值，以 MQPL（土地利用变化的驱动力既有中等保持数量的能力，又有完全保持空间位置的能力）作为真实值的 Kappa 系数，用来评价空间位置信息的变化。

$$KLocation = \frac{P_o - MQNL}{MQPL - MQNL}$$

d. 数量 Kappa 系数：简称 KQuantity，以 NQML（土地利用变化的驱动力没有保持数量的能力，而有中等保持空间位置的能力）作为期望值，以 PQML（土地利用变化的驱动力既有完全保持数量的能力，又有中等保持空间位置的能力）作为真实值的 Kappa 系数，可用来评价数量信息的变化。

$$KQuantity = \frac{P_o - NQML}{PQML - NQML}$$

第三章

辽宁中部城市群碳源碳汇
与空间格局优化

3.1 辽宁中部城市群碳源分析
3.2 辽宁中部城市群碳汇分析
3.3 辽宁中部城市群碳源碳汇空间演变及预案分析
3.4 小结

随着全球气候变化越来越受关注，碳足迹应运而生，特别是近年来得到很多国家和研究者的关注，相关研究日益丰富。目前，针对碳足迹的定义主要可分为两类：第一类认为碳足迹源于生态足迹，是生态足迹的一部分，即吸收化石燃料燃烧排放的 CO_2 所需的生态承载面积，也就是人类生活中能源消费排放的 CO_2 所产生的能源足迹，是生态足迹中占比较大的主要影响因素；第二类认为是人类活动的碳排放总量。本研究综合考虑人类生活消耗的煤炭、焦炭、汽油、柴油、煤油、燃料油、天然气和电力等能源消费产生的碳足迹和建筑碳足迹，即将碳足迹分为建筑相关和居民相关两部分，并从人均碳足迹和碳消费总量两个层面综合反映研究区内各城市的碳足迹。由辽宁省能源统计数据可知辽宁中部城市群各城市居民消费碳排放量（表 3.1）。

表 3.1　辽宁中部城市群各市居民能源消费碳排放总量（单位：万 t/a）

城市	煤炭	焦炭	汽油	煤油	柴油	燃料油	天然气	电力	总计
沈阳	1042.31	70.58	3.01	117.62	40.58	15.19	10.25	17.70	1317.24
鞍山	1213.17	82.15	3.50	136.90	47.23	17.68	11.93	20.60	1533.16
抚顺	606.87	41.09	1.75	68.48	23.63	8.84	5.97	10.30	766.93
本溪	566.24	38.34	1.64	63.89	22.05	8.25	5.57	9.61	715.59
辽阳	389.55	26.38	1.13	43.96	15.17	5.68	3.83	6.61	492.31
营口	602.08	40.77	1.74	67.94	23.44	8.77	5.92	10.22	760.88
铁岭	1086.14	73.55	3.14	122.56	42.29	15.83	10.68	18.44	1372.63

3.1 辽宁中部城市群碳源分析

3.1.1 辽宁中部城市群建筑碳源分析

（1）建材准备阶段碳足迹

根据研究区内建筑特点及建材消费量大小，本研究选取水泥、钢材、木材、砖和砂等5种主要建材计算建材准备阶段的碳足迹，模型中各项指标参数综合参考相关研究结果，具体结果见表 3.2。

表 3.2 建材准备阶段碳足迹模型指标参数表 （单位：kg/m²）

指标		水泥	钢材	木材	砖	砂
建材消耗量*	砖混	149	25	7	375	445
	钢混	246	59	8	607	417
温室气体排放因子	EF	0.71	1.46	0.14	0.09	0.004
	IF	0.333	1.059	—	—	—
公路运输排放因子		—	—	15.9×10^{-5}	—	—
回收系数*		10	90	20	50	60
节能率*		20	60	10	100	100

注：* 参考文献 Fang You et.al，2011；其他指标参考文献：汪静，2009；龚志起，2004。

根据上述指标及模型计算，砖混结构建筑的水泥、钢材、木材、砖和砂的准备阶段碳足迹分别为 148.8kg/m²、20.2kg/m²、1.2kg/m²、28.8kg/m² 和 14.9kg/m²，砖混结构建材准备阶段碳足迹为 213.9kg/m²；钢混结构建筑的水泥、钢材、木材、砖和砂的准备阶段碳足迹分别为 245.6kg/m²、46.1kg/m²、1.1kg/m²、29.2kg/m² 和 2.0kg/m²，砖混结构建材准备阶段碳足迹为 324.0kg/m²。

（2）施工阶段碳足迹

①施工阶段能源碳足迹。施工阶段能源碳足迹采用投入产出法进行计算，即利用建筑业能源消耗量统计数据除以当年在建施工面积，得到单位建筑面积能源消耗量，再乘以相应排放因子，即得出施工阶段能源碳足迹，其中建筑业能源消耗及在建施工面积数据取自《中国统计年鉴》和《辽宁省统计年鉴》。此部分研究结果为多年平均值，为 22.69kg/m²。

②施工阶段垃圾碳足迹。根据不同类型建筑中各种建材消耗量与建材施工损耗比例，计算得出各种建材的垃圾产生量。其中，砖混结构建筑的水泥、钢材、砖和砂的垃圾产生量分别为 4.47kg/m²、1.25kg/m²、11.25kg/m² 和 13.35kg/m²，总垃圾产生量为 30.32kg/m²；钢混结构建筑的水泥、钢材、砖和砂的垃圾产生量分别为 7.38 kg/m²、2.95 kg/m²、18.21 kg/m² 和 12.51 kg/m²，总垃圾产生量为 41.05 kg/m²。结果见表 3.3。

表 3.3　建筑施工阶段垃圾产生量（单位：kg/m²）

指标		水泥	钢材	砖	砂	合计
建材消耗量	砖混	149	25	375	445	—
	钢混	246	59	607	417	—
建材损耗比例		3	5	3	3	—
垃圾产生量	砖混	4.47	1.25	11.25	13.35	30.32
	钢混	7.38	2.95	18.21	12.51	41.05

按照对建筑施工中产生的垃圾进行填埋、堆肥和焚烧等不同处理方式，根据周晓萃等（2012）研究结果，施工阶段垃圾处理中机械运作的能源消耗排放因子见表 3.4。

表 3.4　建筑施工阶段垃圾处理中机械运作的能源消耗排放因子

处理方式	燃油耗量（kg/t）	电力耗量（kW·h/t）	燃油排放因子（kg/kg）	电力排放因子[kg/（kW·h）]	能源消耗排放因子（kg/kg）
填埋	0.23	1.26	—	—	0.0018
堆肥	0.0039	89.3	3.25	0.835	0.0746
焚烧	0	794	—	—	0.663

根据砖混结构和钢混结构建筑垃圾排放量、垃圾运输排放因子和机械运作的能源消耗排放因子，按照施工阶段垃圾碳足迹计算模型，得出砖混结构和钢混结构施工阶段垃圾碳足迹（WE）分别为 0.20kg/m² 和 0.27kg/m²。

（3）拆除建筑碳足迹

拆除建筑所产生的碳足迹主要来自拆除过程中所使用的机械设备和车辆所消耗的能源以及垃圾在运输和处理过程中所消耗的能源。其中，垃圾运输和处理过程中所产生的碳足迹计算模型与施工阶段产生的碳足迹计算模型相同，拆除阶段的垃圾产生量采用相关研究得出的经验数据，为 1300kg/m²（朱东风等，2010），计算得出拆除建筑时垃圾碳足迹为 8.54kg/m²；拆除过程中所使用的机械设备和车辆所消耗的能源产生的碳足迹参考 T.Ramesh 等（2010）的研究结果，取值为 2.16kg/m²。因此，综合拆除过程中机械设备和车辆能源消耗碳足迹与垃圾运输和处理过程中所产生的碳足迹，得出建筑拆除过程中所产生的碳足迹为 10.70kg/m²。

（4）辽宁中部城市群各市建筑相关碳足迹

通过对建筑相关过程的建材准备阶段碳足迹、施工阶段碳足迹和拆除阶段碳足迹分析，综合得出砖混结构和钢混结构建筑相关碳足迹分别为 247.14kg/m² 和 357.26kg/m²。各种建材中，水泥对碳足迹贡献最大，这主要与建筑的水泥用量大、生产过程中消耗能源多等因素有关。从建筑过程的各阶段来看，建材准备阶段的碳足迹对整个建筑碳足迹贡献较大，在砖混结构和钢混结构建筑中的贡献占比均超过 80%。同时，考虑到辽宁中部城市建筑结构中砖混结构占比较大的特点，并参考《建筑施工手册》（2003），得出辽宁中部城市的建筑相关碳足迹为 269.16kg/m²。

3.1.2 辽宁中部城市群三维建筑容量计算

（1）均质斑块建设容量计算

通过计算得到了均质高度划分的斑块以及每个斑块内部的均质高度、均质高度建筑物的投影面积。

最终计算各斑块的单位面积建设容量为：

斑块建设容量 =（单体建筑物投影面积 × 建筑物高度 × 斑块内建筑物数量）/ 斑块面积

首先将建筑物轮廓矢量面数据转化为矢量点数据（以其几何中心为代表的点数据），然后利用判断点在多边形内部的算法即可统计斑块内部点的数量，也就是均质高度建筑物轮廓数量。

辽宁中部城市均质斑块建设容量计算结果见图 3.1。

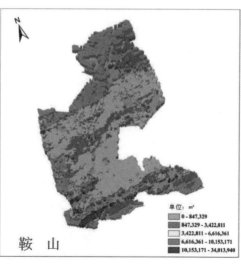

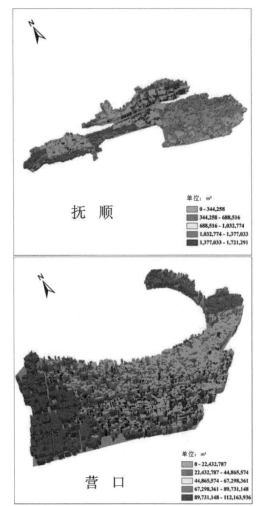
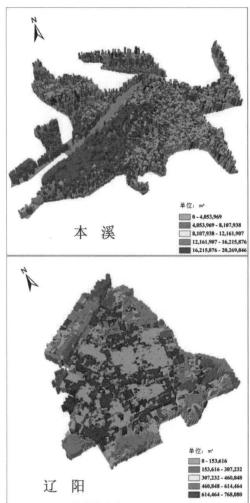
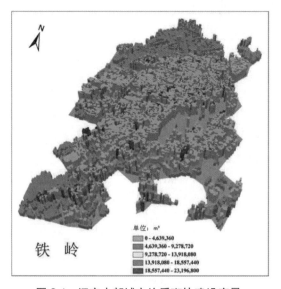

图 3.1 辽宁中部城市均质斑块建设容量

图 3.1 完成了沈阳、鞍山、抚顺、铁岭、辽阳、本溪和营口城市区的高分辨率遥感影像的正射校正。同时，完成了沈阳 67727 个、鞍山 16840 个、抚顺 20760 个、铁岭 10379 个、辽阳 15597 个、本溪 15686 个和营口 19021 个建筑物的轮廓提取。

（2）辽宁中部城市建筑面积

基于辽宁中部城市建筑容量提取结果，计算得出辽宁中部城市建筑面积，结果见表 3.5。7 个城市的建筑平均高度高低顺序为沈阳（15m）>鞍山（11.64m）>铁岭（11.45m）>辽阳（10.9m）>抚顺（9.51m）>营口（9.47m）>本溪（6.98m）。

表 3.5 辽宁中部城市建筑面积

城市	沈阳	鞍山	抚顺	本溪	营口	辽阳	铁岭
建筑面积（hm²）	64640.62	57894.84	9123.98	3108.86	4753.17	5872.71	3709.06

根据 2011—2013 年辽宁中部各城市竣工建筑面积，计算得出辽宁中部城市逐年新增建筑碳排放总量，结果见表 3.6。

表 3.6 辽宁中部城市逐年新增建筑碳排放总量

城市	竣工建筑面积（hm²）			新增建筑碳排放总量（万 t）		
	2011 年	2012 年	2013 年	2011 年	2012 年	2013 年
沈阳	3301.7	4125.7	2924.3	888.7	1110.5	787.1
鞍山	669.6	742.2	140.4	180.2	199.8	37.8
抚顺	629.9	589.9	957.8	169.5	158.8	257.8
本溪	629.0	806.9	168.9	169.3	217.2	45.5
营口	1189.9	1034.6	485.9	320.3	278.5	130.8
辽阳	267.9	332.7	15.8	72.1	89.5	4.3
铁岭	940.1	1238.3	918.5	253.0	333.3	247.2

从表 3.6 中辽宁中部城市建筑碳排放量逐年变化结果分析可知：从空间角度来看，各城市中沈阳各年的竣工建筑面积均明显高于其他城市，所以各年新增建筑碳排放总量明显高于其他城市。2011—2013 年，新增建筑碳排放总量介于 787.1 万~1110.5 万 t，2012 年最高；辽阳各年的竣工建筑面积均最小，其各年新增建筑碳排放总量仅为 4.3 万~89.5 万 t。沈阳的碳排放总量约为辽阳碳排放总量的 12 ~ 183 倍。其他城市的新增建筑碳排放总量介于 37.8 万~333.3 万 t，因此可以看出，辽宁中部城市新增建筑碳排放总量空间差异较大。从时间角度来看，2011—2013 年，辽宁中部城市新增建筑碳排放总量基本为 2012 年最高，

2013 年最低，2011 年居中。2012 年各市碳排放总量介于 89.5 万 ~ 1110.5 万 t，而 2013 年为 4.3 万 ~ 787.1 万 t，2011 年末为 72.1 万 ~ 888.7 万 t。辽宁中部城市新增建筑碳排放总量逐年变化结果见图 3.2。

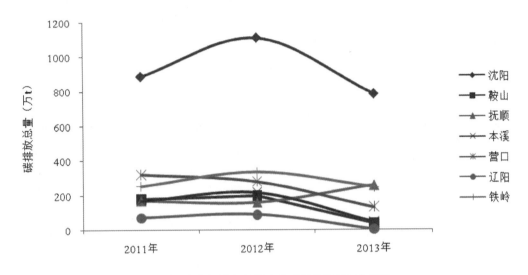

图 3.2　辽宁中部城市新增建筑碳排放总量逐年变化

（3）辽宁中部城市建筑相关碳足迹

根据上述计算可得出单位建筑面积碳足迹和辽宁中部城市建筑面积，进而通过计算得出辽宁中部城市建筑碳排放总量，结果见表 3.7。

从表 3.7 中结果可知，辽宁中部城市建筑相关碳排放总量范围介于 836.78 万 ~ 17398.67 万 t，沈阳最高，这与沈阳建筑面积较大有关。

表 3.7　辽宁中部城市建筑碳排放总量

城市	沈阳	鞍山	抚顺	本溪	营口	辽阳	铁岭
碳排放总量（万 t）	17398.67	15582.98	2455.81	836.78	1279.36	1580.70	998.33

3.1.3　辽宁中部城市群各城市居民相关碳足迹

根据上述计算可得出辽宁中部城市能源消费碳排放量，通过改进的碳足迹模型计算可得出辽宁中部城市群各城市居民相关总碳足迹（图 3.3、图 3.4）。

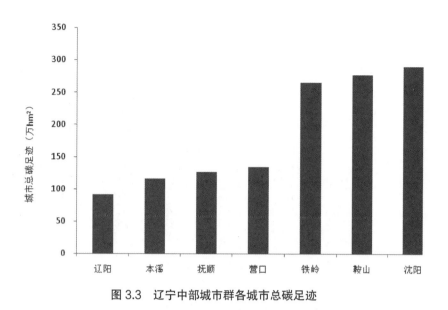

图 3.3 辽宁中部城市群各城市总碳足迹

从表中结果可以看出，辽宁中部城市群各城市居民相关总碳足迹介于 91.49 万 ~ 289.64 万 hm²，辽阳总碳足迹最小，沈阳最大。其他城市中，鞍山和铁岭总碳足迹较高，其次为营口、抚顺和本溪。人均碳足迹范围介于 0.40 ~ 0.88hm²，沈阳最小，铁岭最大。其他城市中鞍山和本溪较高，其次为营口、抚顺和辽阳（表 3.8）。综合来看，辽阳的碳足迹总量和人均碳足迹均在中部城市群中较小，抚顺和营口水平居中，这与城市规模、产业结构、人口数量等因素有关。

表 3.8 辽宁中部城市群各城市居民相关总碳足迹

城市	沈阳	鞍山	抚顺	本溪	辽阳	营口	铁岭
总碳足迹（万 hm²）	289.64	277.28	126.39	116.38	91.49	134.38	264.63
人均碳足迹（hm²）	0.40	0.79	0.58	0.76	0.51	0.58	0.88

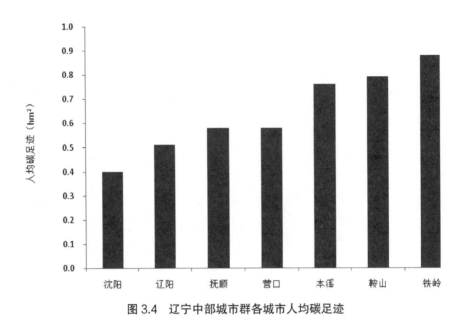

图 3.4　辽宁中部城市群各城市人均碳足迹

3.1.4 辽宁中部城市群碳排放总量

根据综合建筑相关和居民相关得出的碳排放总量，可折算得出辽宁中部 7 个城市总碳足迹和人均碳足迹，结果见表 3.9。

从表 3.9 中可以看出，辽宁中部 7 个城市总碳足迹介于 252.46 万 ~ 4115.33 万 hm²，由高到低依次为沈阳、鞍山、抚顺、铁岭、辽阳、营口和本溪。人均碳足迹 1.51 ~ 8.85hm²/ 人，由高到低依次为鞍山、沈阳、抚顺、辽阳、本溪、营口和铁岭。

表 3.9　辽宁中部城市总碳足迹及人均碳足迹

城市	沈阳	鞍山	抚顺	本溪	营口	辽阳	铁岭
总碳足迹（万 hm²）	4115.33	3095.50	531.11	252.46	360.32	385.25	457.11
人均碳足迹（hm²/ 人）	5.66	8.85	2.44	1.66	1.55	2.14	1.51

从表 3.10、图 3.5 中结果可知，辽宁中部城市建筑与居民生活碳排放总量介于 1552.36 万 ~ 18175.90 万 t，由高到低依次为：沈阳、鞍山、抚顺、铁岭、辽阳、营口和本溪，各城市间差异较大。铁岭以居民相关碳排放为主，占比在 58% 左右，其他 6 个城市建筑相关碳排放量在碳排放总量中占比较高，占比介于 53.9% ~ 92.9%，特别是沈阳和鞍山，超过 90% 的碳排放量来自建筑相关排放，可以看出城市建筑规模对于城市的碳排放和碳足迹影响较大。

辽宁中部 7 个城市人均碳排放量介于 7.85 ～ 48.93t，由高到低依次为鞍山、沈阳、抚顺、辽阳、本溪、营口和铁岭。

表 3.10　辽宁中部城市碳排放量

城市	沈阳	鞍山	抚顺	本溪	营口	辽阳	铁岭
建筑相关碳排放量（万 t）	17398.67	15582.98	2455.81	836.78	1279.36	1580.70	998.33
居民相关碳排放量（万 t）	1317.23	1533.15	766.93	715.58	760.88	492.29	1372.61
碳排放总量（万 t）	18715.90	17116.13	3222.74	1552.36	2040.24	2072.99	2370.94
人均碳排放量（t）	25.74	48.93	14.78	10.19	8.78	11.52	7.85

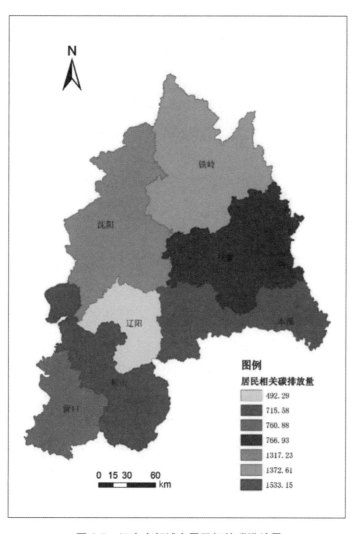

图 3.5　辽宁中部城市居民相关碳排放量

3.1.5 辽宁中部城市群土地利用碳排放结果分析

根据辽宁中部城市土地利用组成计算得出辽宁中部城市碳排放总量为 14332.09 万 t。其中，建筑用地碳排放量最大，为 13730.72 万 t，占碳排放总量的 95.81%；其次为林地，为 580.99 万 t；耕地和草地分别占碳排放总量的 0.13% 和 0.01%；水域和其他类型假定无碳排放量。辽宁中部城市各土地利用类型碳排放量占碳排放总量的比例组成见图 3.6。

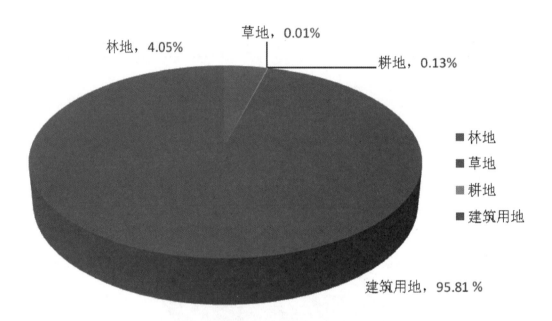

图 3.6 辽宁中部城市群各土地利用类型碳排放组成

辽宁中部城市不同土地利用类型碳排放量计算结果见表 3.11 和图 3.7。从结果分析可得，各城市碳排放总量由高到低依次为沈阳、鞍山、铁岭、营口、辽阳、抚顺和本溪，这与各城市总辖区面积及建筑用地面积有关。其中，沈阳、鞍山和铁岭建筑面积和辖区面积明显较大，因此这 3 个城市的碳排放总量较高，而营口尽管辖区面积相对较小，但建筑面积相对较高，所以其碳排放量也较高；抚顺和本溪林地面积较大，其碳排放总量明显低于其他城市。可以看出，建筑用地对城市碳排放量影响较大。

从各城市不同土地利用类型碳排放量组成情况来看，各城市的建筑用地碳排放量在城市碳排放总量中的占比均具有绝对优势，占比介于 83.3% ~ 99.4%。各城市不同土地利用类型碳排放量占比见图 3.8。

表 3.11　辽宁中部城市不同土地利用类型碳排放量

类型	碳排放量（万 t）							
	沈阳	鞍山	抚顺	本溪	营口	辽阳	铁岭	合计
林地	20.91	91.66	159.54	130.76	49.93	37.39	90.80	580.99
草地	0.14	0.21	0.28	0.16	0.10	0.07	0.21	1.17
耕地	6.55	2.49	1.75	0.86	1.12	1.43	5.00	19.20
建筑用地	4558.06	2192.98	919.48	656.42	1996.30	1435.76	1971.72	13730.72
合计	4585.66	2287.34	1081.05	788.20	2047.45	1474.65	2067.73	14332.08

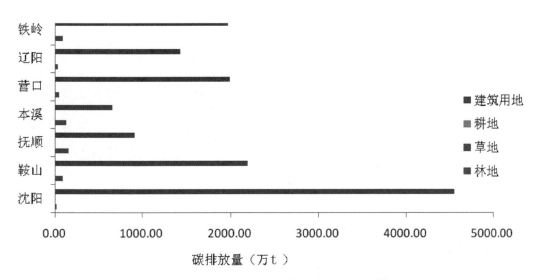

图 3.7　辽宁中部城市不同土地利用类型碳排放量

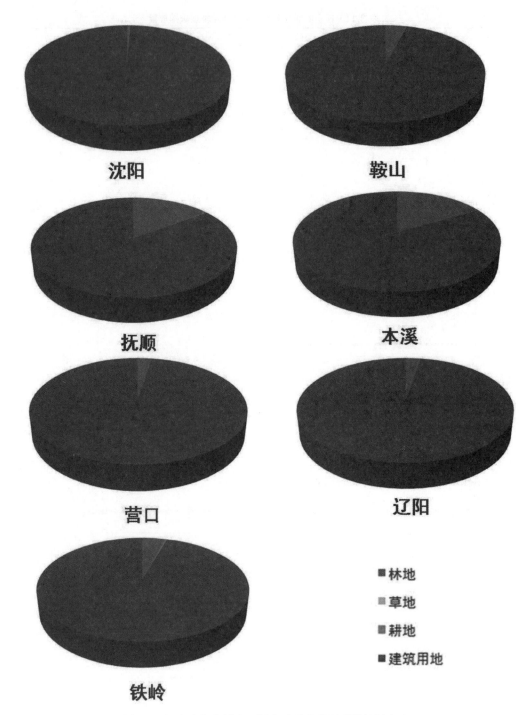

图 3.8　辽宁中部各城市不同土地利用类型碳排放量占比

3.1.6 辽宁中部城市群碳足迹评价

不同地区的建筑因建筑结构形式、容积率、抗震系数等的不同，单位面积建材消耗量也会有差异，因此，不同地区建筑相关碳足迹也会不同。碳足迹总量是各市碳排放的绝对数指标，单位面积碳足迹则是碳足迹的相对数指标，单位碳足迹越低表明效率越高。根据这两个指标，本研究将辽宁中部城市群划分为 4 种排放类型：高排放 – 低效率、高排放 – 高效率、低排放 – 低效率、低排放 – 低效率。为避免个别城市数据的干扰，本研究将碳足迹总量由低到高分别赋值 1~7，单位碳足迹由高到低分别赋值 1~7（岳瑞锋、朱永杰，2010）。利用 SPSS 软件对 7 个城市的碳足迹做 K– 均值聚类，结果显示 Sig. 值均小于 0.001，因此可以认为两个指标对聚类结果有价值，结果见表 3.12 和图 3.9。

从聚类结果可以看出，辽宁中部 7 个城市中，沈阳、鞍山和抚顺属于高排放 – 低效率类型，本溪、营口和辽阳属于低排放 – 高效率类型，铁岭属于高排放 – 高效率类型，无低排放 – 低效率类型。结合前述城市碳足迹分析，辽宁中部各城市建筑相关碳足迹在碳足迹总量的占比中均较高，通过聚类分析可以说明，建筑相关排放量和 GDP 水平高度吻合，经济发达地区无一例外都高排放，这和经济发达地区大规模建设开发有密切的联系。

在高排放城市中，经济较为发达的城市，例如沈阳和鞍山，均属于高排放 – 低效率类型。主要是由于经济发达地区房屋建筑的容积率较大，建筑结构复杂，单位面积所需建材必然较多，因此都属于低效率类型。这些地区也是未来碳减排的重点区域。在保障这些地区经济发展的前提下，应降低碳排放，逐步向低排放 – 高效率类型转变。

表 3.12　各聚类类型成员

序号	聚类类型	城市
1	高排放 – 高效率	铁岭
2	高排放 – 低效率	沈阳、鞍山、抚顺
3	低排放 – 高效率	本溪、营口、辽阳
4	低排放 – 低效率	—

3.1.7 小结

随着我国城市化进程的不断加深，建筑消费大量的材料和能源，如何计算建筑碳足迹具有重要意义。为验证方法的可行性，要更加准确评估一个城市的累积碳足迹需要先对城市的扩展边界进行界定，该研究方向也是目前的热点和难点。

本章根据城市建筑活动的全生命周期评价方法得到辽宁中部城市的建筑相关碳足迹系

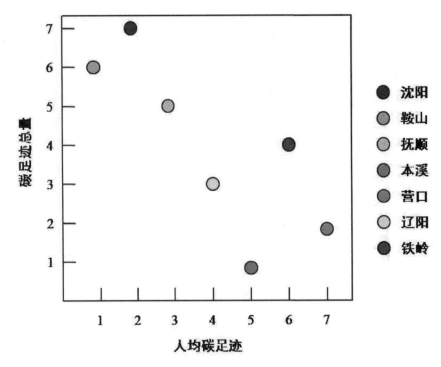

图 3.9　辽宁中部城市建筑碳足迹聚类散点图

数为 269.16kg/m^2。基于遥感影像提取建筑面积的方法能够有效提取建筑面积的总量和空间分布，基于建筑面积提取结果对累积碳足迹计算和空间分布评估起到支撑作用，对于后续的空间优化和减排研究有重要意义。根据辽宁中部各城市土地利用组成计算得出辽宁中部城市碳排放总量为 14332.09 万 t。其中，建筑用地碳排放量最大，为 13730.72 万 t，占碳排放总量的 95.80%；其次为林地，为 580.99 万 t；耕地和草地分别占碳排放总量的 0.13% 和 0.01%；水域和其他类型假定无碳排放量。

　　辽宁中部 7 个城市建筑面积和累积碳足迹由高到低依次为沈阳、鞍山、抚顺、辽阳、营口、铁岭和本溪。2011—2013 年，年均碳足迹由高到低为沈阳、本溪、抚顺、鞍山、铁岭、营口和辽阳。累积碳足迹可反映城市建设规模，年均增长反映了当时城市建筑面积增加的速度。累积碳足迹计算基于建成区的面积，在一定程度上低估了城市的总体累积碳足迹，因为建成区没有完全涵盖一个城市所有的建成面积。通过准确计算建筑碳足迹总量并分析其空间分布，然后对辽宁中部城市群碳排放效率做出评价，可以为接下来进行碳减排和空间格局优化或规划奠定基础。

3.2 辽宁中部城市群碳汇分析

　　模拟辽宁中部城市群的森林固碳潜力和速率，需对当前该区域的森林固碳状况进行合理评估并以此进行模型参数化。需要将该区域的植被、土壤固碳的详细状况和气候状况，作为最基础的模型参数化数据来源。

　　模拟森林景观碳储量，需要利用生态模型模拟当前气候条件下森林的演替过程。本研究在生态系统和景观两个尺度上利用模型模拟森林植被生物量和土壤碳储量，并以此为基础分析森林固碳速率、潜力对气候变化的响应。根据树种生理属性、样点环境属性、气候变化状况利用 PnET–Ⅱ模型模拟未来不同气候条件下不同树种的定植概率和最大潜在生物量。在景观尺度上，一方面结合研究区的立地条件的空间差异和不同的植被树种、林龄组成状况划分不同的群落组成；另一方面再结合不同气候变化情景下的生态系统尺度上树种的定植概率和最大潜在生物量共同进入 LANDIS–Ⅱ模型的 Biomass Succession 和 Century Succession 模块进行模拟，然后得到森林植被生物量和土壤碳储量的动态曲线。最后，根据对碳储量（或生物量）的动态曲线进行微分，得到森林固碳速率；根据初始年份与碳储量（或生物量）最大值间的差异判断／确定森林固碳潜力。

3.2.1　辽宁中部城市群森林固碳速率和潜力

　　为了使森林固碳速率模拟结果从多方面（数量、空间等）体现气候变化的影响，本研究对森林固碳速率的结果从区域尺度和城市尺度两个尺度进行描述。在区域尺度上考虑辽宁中部城市群总体的森林固碳速率变化状况。在城市尺度上，我们主要根据 LANDIS–Ⅱ模型模拟结果，分别统计分析辽宁中部城市群 7 个城市之间的森林碳储量变化状况以及计算森林固碳速率。

（1）森林碳储量

　　森林地上植被碳储量在 1970—2014 年的动态变化主要是通过 LANDIS–Ⅱ模型的 Biomass Succession 模块模拟得到的。以 1970—2014 年每年森林景观整体、各区域以及各树种植被碳储量的变化值作为森林固碳速率，根据森林碳储量微分得到森林固碳速率的动态变化。植被固碳速率［Plant Carbon Sequestration Rate，PCSR，$t/(hm^2 \cdot a)$］计算公式如下：

$$PSCP = \frac{CCC \cdot (B_b - B_a)}{T}$$

　　式中，PCSR 为森林固碳速率，CCC 为生物量含碳率转化系数，B_b 和 B_a 分别为时间 b 和时间 a 的生物量，T 为时间 a 到时间 b 的时间间隔。不同气候条件下的森林固碳速率都参照本公式进行计算。以辽宁中部城市群 2000 年模拟的森林碳储量与 2014 年森林碳储量真实值的差值作为该区域森林固碳潜力（Plant Carbon Sequestration Potential，PCSP，t/hm^2）计算公式如下：

$$PCSP = c \cdot (B_{max} - B_{2014})$$

　　式中，PCSP 为森林固碳潜力，c 为植被生物量含碳率一般转化系数（取值 0.45，生物量含碳率转化系数算术平均值），B_{max} 和 B_{2014} 分别为模拟时出现的最大森林碳储量与 2014 年森林真实碳储量。

①区域尺度。

根据 LANDIS-Ⅱ模拟绘制出了 2014 年辽宁中部城市群的森林碳密度分布图（图 3.10）。总体来看，辽宁中部城市群的森林碳密度呈现中部最高，东部和东南部较少的分布趋势。辽宁中部城市群最高的碳密度是 57.9t/hm²，平均碳密度为 41.79t/hm²，中部城市群总的森林碳储量为 1.23×10^8t。

②城市尺度。

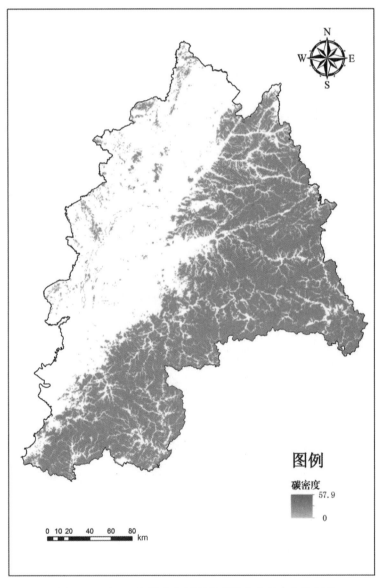

图 3.10　2014 年辽宁中部城市群的森林碳密度分布图

辽宁中部城市群共有 7 个城市，我们分别分析了 7 个城市的森林碳密度和总碳储量的差异（表 3.13）。2014 年，辽宁中部城市群中森林碳密度最高的是沈阳，为 47.99t/ hm²；最低的为本溪，38.54t/hm²。辽宁中部城市群各城市森林碳密度从大到小依次是：沈阳 > 辽阳 > 营口 > 铁岭 > 鞍山 > 抚顺 > 本溪。总碳储量从大到小依次是：抚顺 > 本溪 > 鞍山 > 铁岭 > 营口 > 辽阳 > 沈阳。

表 3.13　2014 年辽宁中部城市群各市森林碳密度和总碳储量

城市	碳密度（t/hm²）	总碳储量（t）
鞍山	42.41	19695633
本溪	38.54	25786175
抚顺	39.96	33979728
辽阳	45.84	8583878
沈阳	47.99	3259412
铁岭	44.91	19422379
营口	45.13	12104903

（2）森林固碳速率

①区域尺度。

从整个研究区的区域尺度分析，辽宁中部城市群森林固碳速率总体呈现中部和中南部最高，东部和南部最低（图 3.11）。辽宁中部城市群森林固碳速率最高值为 0.258t/（hm²·a），而辽宁中部城市群森林区域的平均固碳速率为 0.212t/（hm²·a）。

②城市尺度。

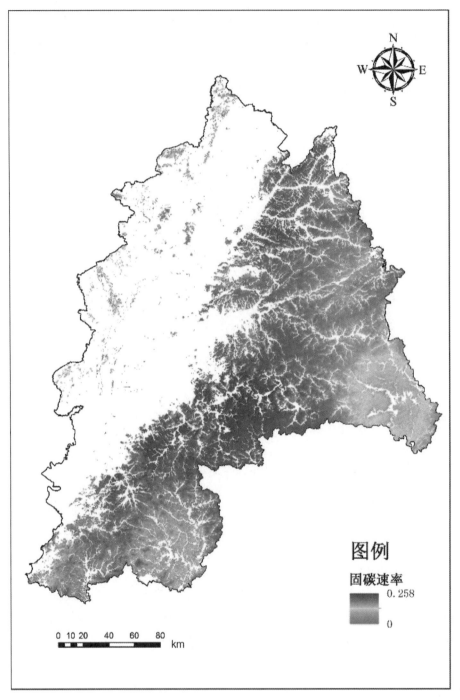

图 3.11　辽宁中部城市群森林固碳速率

　　辽宁中部城市群的 7 个城市中，辽阳的森林固碳速率最高，为 0.226t/（hm²·a）；最低的为沈阳，19.88t/（hm²·a）。鞍山、本溪、抚顺、铁岭和营口的固碳速率分别为 0.210 t/（hm²·a）、0.212t/（hm²·a）、0.211t/（hm²·a）、0.217t/（hm²·a）和 0.206t/（hm²·a）（图 3.12）。

（3）森林固碳潜力

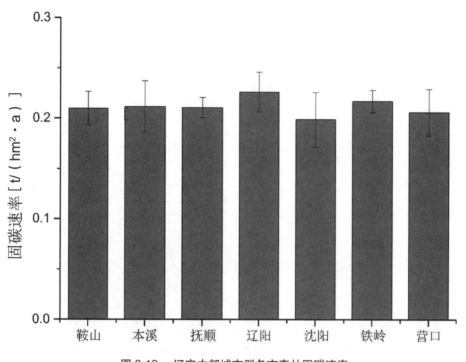

图 3.12　辽宁中部城市群各市森林固碳速率

①区域尺度。

区域尺度上，辽宁中部城市群的森林固碳潜力总体上呈现出北部和南部高、中部低的趋势（图 3.13），整个研究区区域尺度上最大的森林单位面积固碳潜力约为 86.81 t/ hm²，而区域平均单位面积固碳潜力为 20.01t/hm²，区域总的固碳潜力为 5.88×10^7 t。

②城市尺度。

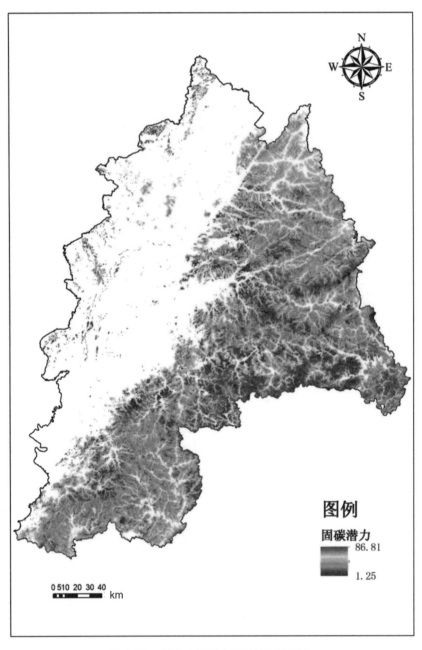

图 3.13　辽宁中部城市群森林固碳潜力

辽宁中部城市群 7 个城市森林固碳潜力差异较大（表 3.14）。最高的单位面积固碳潜力城市为沈阳，29.33t/hm²；本溪最低，为 18.06t/hm²。不同城市之间的平均单位面积固碳潜力顺序为：沈阳 > 铁岭 > 营口 > 辽阳 > 鞍山 > 抚顺 > 本溪。7 个城市中森林总固碳潜力最大的是抚顺，为 1.65×10^7t；沈阳最小，为 1.99×10^6t。

表 3.14 辽宁中部城市群各城市森林固碳潜力

城市	单位面积固碳潜力（t/hm²）	固碳潜力（t）
鞍山	20.33	9439388
本溪	18.06	12083288
抚顺	19.41	16501284
辽阳	20.48	3834923
沈阳	29.33	1991839
铁岭	21.52	9306756
营口	21.03	5641989

3.2.2 辽宁中部城市群农田固碳速率和潜力

以农田碳密度作为因变量，植被指数作为自变量，通过回归分析选取合适的植被指数作为预测因子，进行碳密度分析与模拟，以此建立估测辽宁中部城市群的回归模型，对区域碳储量进行模拟。

（1）农田碳储量

①区域尺度。

通过遥感反演，我们得到了 2014 年辽宁中部城市群农田碳储量分布图（图 3.14），总体来看，辽宁中部城市群的农田碳储量呈现中部和南部较高，西部和北部较少的分布趋势。辽宁中部城市群农田的最高碳密度是 53.60 t/hm²，平均碳储量为 16.30 t/hm²，中部城市群总的农田碳储量为 5.00×10^7t。

②城市尺度。

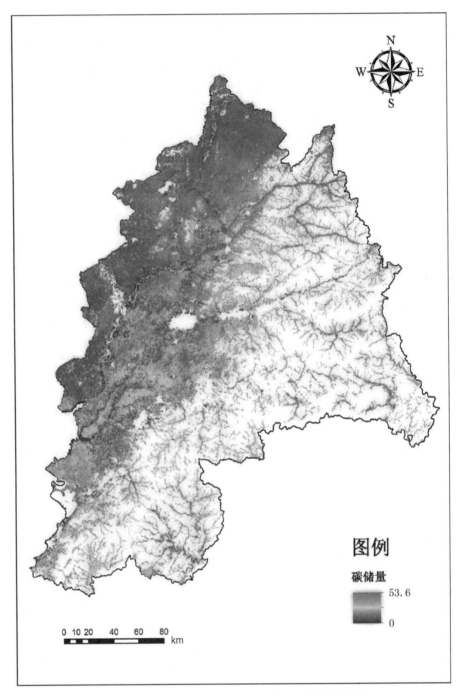

图 3.14　2014 年辽宁中部城市群农田碳储量分布图

2014 年辽宁中部城市群中农田碳密度最高的是本溪，24.22 t/hm²，最低的为沈阳，13.34 t/hm²。碳储量最大的是沈阳，为 1.42×10⁷t，其次是铁岭，碳储量最少的是本溪，为 3.24×10⁶t。如表 3.15 所示，辽宁中部城市群各城市农田碳密度从大到小依次是：本溪 > 抚顺 > 营口 > 辽阳 > 鞍山 > 铁岭 > 沈阳。碳储量从大到小依次是：沈阳 > 铁岭 > 鞍山 > 抚顺 > 辽阳 > 营口 > 本溪。

表 3.15　2014 年辽宁中部城市群农田碳密度和碳储量

城市	碳密度（t/hm²）	碳储量（t）
鞍山	16.02	6385587
本溪	24.22	3238858
抚顺	22.15	5235441
辽阳	18.85	4448183
沈阳	13.34	14183328
铁岭	15.38	12248854
营口	21.63	4234694

（2）农田固碳速率

①区域尺度。

从整个研究区的区域尺度分析，辽宁中部城市群的农田固碳速率总体上中部最高，北部和西部最低（图 3.15）。农田固碳速率最高值为 0.12t/（hm²·a），辽宁中部城市群区域的农田平均固碳速率为 0.078t/（hm²·a）。

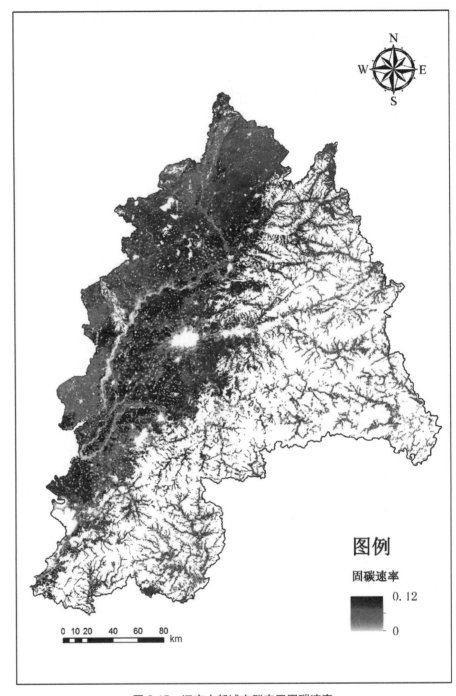

图 3.15　辽宁中部城市群农田固碳速率

②城市尺度。

辽宁中部城市群中，辽阳的农田固碳速率最高，为0.085t/（hm²·a）；最低的为鞍山，0.072t/（hm²·a）。辽宁中部城市群各市农田固碳速率从大到小依次是：辽阳>营口>铁岭>本溪>抚顺>沈阳>鞍山（图3.16）。

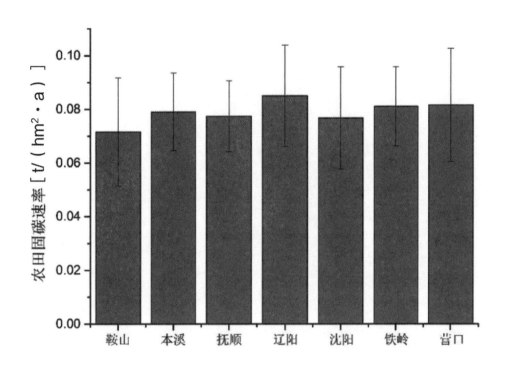

图3.16 辽宁中部城市群各市农田固碳速率

（3）农田固碳潜力

①区域尺度。

在区域尺度上，辽宁中部城市群的农田固碳潜力总体上北部和西部高，中部低。整个研究区区域尺度上最大的单位面积农田固碳潜力约为40.57 t/hm²，而区域平均单位面积农田固碳潜力为12.78t/hm²，区域总的固碳潜力为3.91×10^7t。

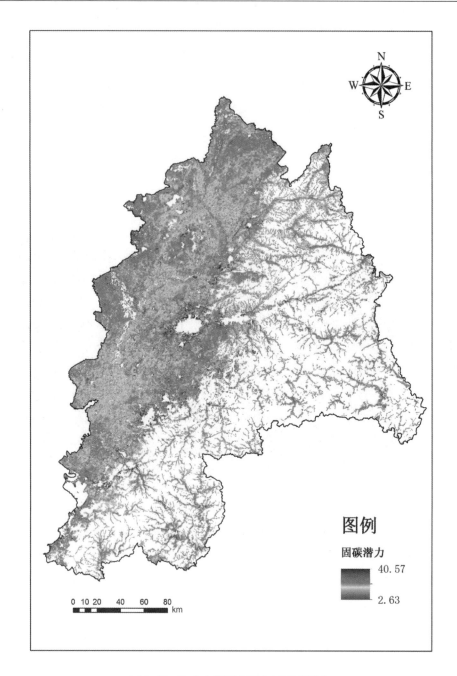

图 3.17　辽宁中部城市群农田固碳潜力

②城市尺度。

最大的单位面积农田固碳潜力城市为营口，为 13.54 t/hm²；本溪最低，为 10.60t/hm²。由表 3.16 可知，不同城市之间的单位面积农田固碳潜力顺序为：营口 > 沈阳 > 辽阳 > 铁岭 > 鞍山 > 抚顺 > 本溪。7 个城市中农田总固碳潜力最大的是沈阳，约 1.41×10^7t；本溪最小，约 1.42×10^6t。

表 3.16　辽宁中部城市群各城市农田固碳潜力

城市	单位面积固碳潜力（t/hm²）	固碳潜力（t）
鞍山	12.64	5037047
本溪	10.60	1415412
抚顺	11.46	2707075
辽阳	12.97	3058417
沈阳	13.26	14083244
铁岭	12.73	10119118
营口	13.54	2646735

3.2.3　辽宁中部城市群植被整体固碳速率和固碳潜力分析

（1）辽宁中部城市群植被整体碳储量

辽宁中部城市群植被整体碳储量分布如图 3.18 所示，总体上西北区域农田碳储量较低，东南区域森林碳储量较高，最高碳密度为 57.9t/hm²。辽宁中部城市群的平均碳密度为 28.38t/hm²，总的碳储量为 1.73×10^8 t。

如表 3.17 所示，辽宁中部城市群中，碳密度最大的是本溪，36.08 t/hm²；最小的是沈阳，为 15.00 t/hm²。而总碳储量最大的是抚顺市，约 3.92×10^7 t；最小的是辽阳，约 1.30×10^7 t。

表 3.17　辽宁中部城市群各市植被整体碳储量分布

城市	碳密度（t/hm²）	森林碳储量（t）	农田碳储量（t）	总碳储量（t）
鞍山	29.80	19695633	6385587	26081220
本溪	36.08	25786175	3238858	29025033
抚顺	35.92	33979728	5235441	39215169
辽阳	30.42	8583878	4448183	13032061
沈阳	15.00	3259412	14183328	17442740
铁岭	25.07	19422379	12248854	31671234
营口	34.91	12104903	4234694	16339597

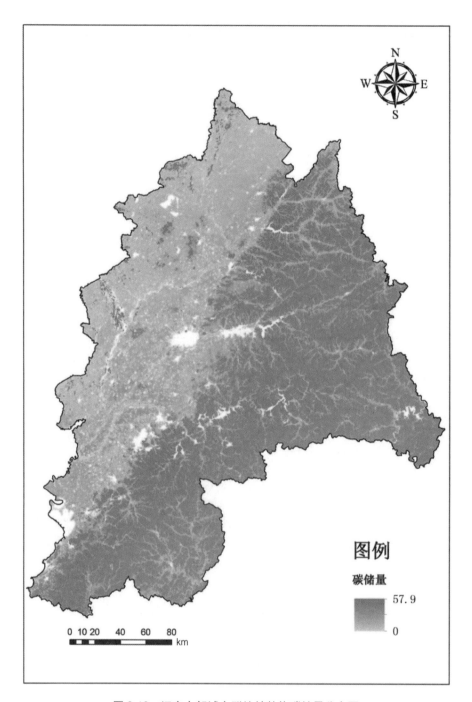

图 3.18 辽宁中部城市群植被整体碳储量分布图

（2）辽宁中部城市群植被整体固碳速率

从整个研究区的区域尺度分析，辽宁中部城市群植被整体固碳速率总体呈现西北低、东南高的趋势（图 3.19）。固碳速率最高值为 0.258 t/（$hm^2 \cdot a$），辽宁中部城市群平均固碳速率为 0.142t/（$hm^2 \cdot a$）。

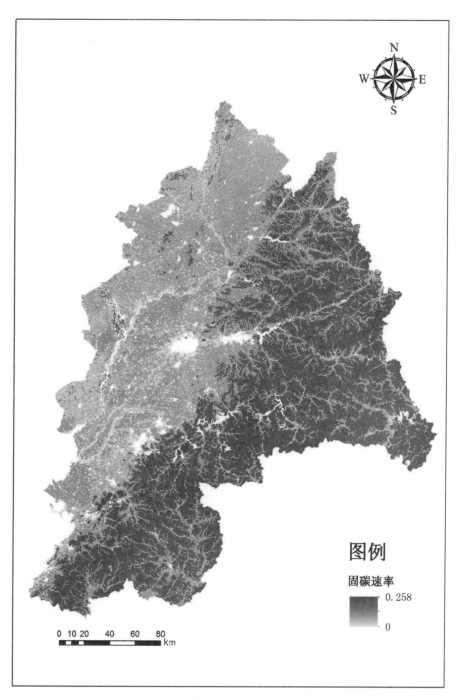

图 3.19 辽宁中部城市群植被整体固碳速率

如图 3.20 所示，辽宁中部城市群的 7 个城市中，植被整体固碳速率最大的是本溪，为 0.19t/（hm² · a）；最小的为沈阳。植被整体固碳速率从大到小顺序为：本溪 > 抚顺 > 营口 > 辽阳 > 鞍山 > 铁岭 > 沈阳。

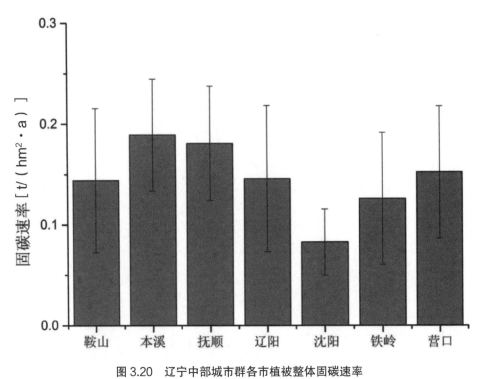

图 3.20　辽宁中部城市群各市植被整体固碳速率

（3）辽宁中部城市群植被整体固碳潜力

如图 3.21 所示，辽宁中部城市群植被整体固碳潜力呈现西北低、东南高的分布趋势。整个研究区区域尺度上最大的单位面积植被整体固碳潜力约为 86.81 t/hm², 区域平均单位面积植被整体固碳潜力为 16.06t/hm², 区域总的植被整体固碳潜力为 9.79×10^{7}t。

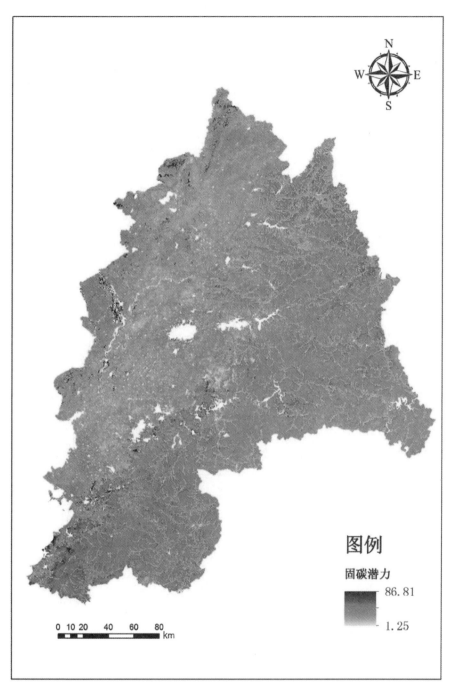

图 3.21 辽宁中部城市群植被整体固碳潜力

如表 3.18 所示，最高的单位面积植被整体固碳潜力城市为营口，为 17.62 t/hm²；沈阳最低，为 13.99t/hm²。不同城市之间的单位面积植被整体固碳潜力顺序为：营口 > 抚顺 > 本溪 > 鞍山 > 辽阳 > 铁岭 > 沈阳。7 个城市中植被整体总固碳潜力最大的是铁岭，约 1.94×10^7t；本溪最小，约 6.89×10^6t（图 3.22）。

表 3.18 辽宁中部城市群各城市植被整体固碳潜力

城市	单位面积固碳潜力（t/hm²）	森林固碳潜力（t）	农田固碳潜力（t）	总固碳潜力（t）
鞍山	16.49	9439388	5037047	14476435
本溪	16.64	12083288	1415412	13498700
抚顺	17.46	16501284	2707075	19208359
辽阳	16.10	3834923	3058417	6893340
沈阳	13.99	1991839	14083244	16075083
铁岭	15.49	9306756	10119118	19425874
营口	17.62	5641989	2646735	8288724

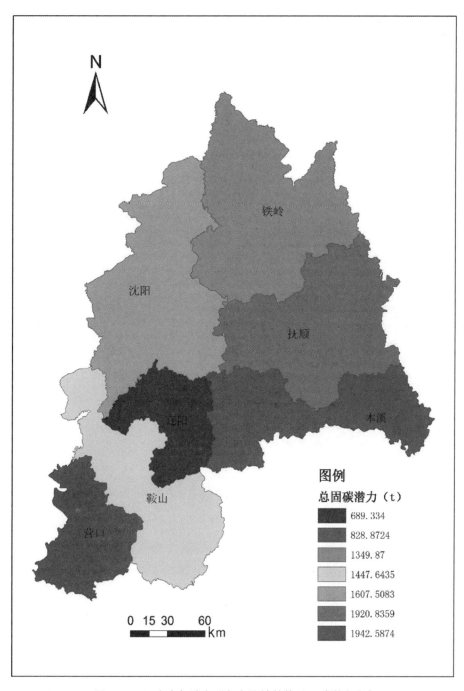

图 3.22　辽宁中部城市群各市植被整体总固碳潜力分布

（4）辽宁中部城市群土地利用类型碳蓄积量

根据辽宁中部城市群各市土地利用组成计算得出辽宁中部城市群总碳蓄积量为33923.50万t。其中，林地碳蓄积量最大，为22215.06万t；其次为耕地，为9380.4万t；建筑用地的碳蓄积量也较大，为1372.42万t；湿地和草地的碳蓄积量分别为679.74万t和250.51万t；其他类型碳蓄积量，为25.41万t。辽宁中部城市群各土地利用类型碳蓄积量占总碳蓄积量的比例组成见图3.23。

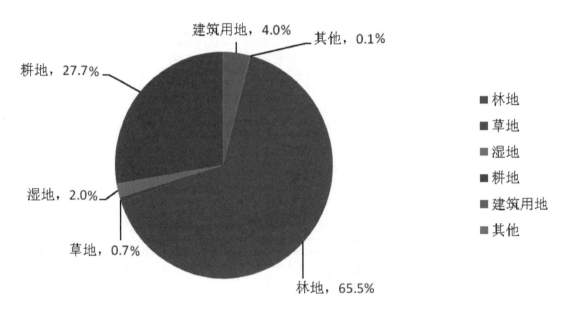

图3.23　辽宁中部城市群土地利用类型碳蓄积量百分比组成

辽宁中部城市群各市不同土地利用类型碳蓄积量计算结果见表3.19和图3.24。从结果分析可得，各市总碳蓄积量由高到低依次为抚顺、铁岭、本溪、鞍山、沈阳、营口和辽阳，这与各市土地利用组成有关。其中，抚顺和本溪的林地面积较大，铁岭的林地和耕地面积均较大，因此这3个城市的总碳蓄积量较高，而辽阳和营口的辖区总面积相对较小，所以其总碳蓄积量明显低于其他城市。

从各市不同土地利用类型碳蓄积量组成情况来看，沈阳以耕地碳蓄积量最大，而其他6个城市均为林地碳蓄积量最大，占各市土地利用总碳蓄积量比例均超过50%，其中本溪和抚顺的占比相对较高，分别达89.0%和85.1%。沈阳、营口和辽阳建筑用地碳蓄积量占比相对较高，分别为9.7%、7.1%和6.1%，其他城市占比均不足5.0%。各市土地利用碳蓄积量占比组成见图3.25。

表 3.19　辽宁中部城市群各市土地利用类型碳蓄积量

土地利用类型	碳蓄积量（万 t）							
	沈阳	鞍山	抚顺	本溪	营口	辽阳	铁岭	合计
林地	799.70	3504.68	6100.09	4999.84	1909.08	1429.72	3471.96	22215.06
草地	29.38	44.85	59.15	33.63	22.42	15.85	45.23	250.51
湿地	188.59	36.90	66.83	94.70	135.29	65.19	92.24	679.74
耕地	3200.08	1216.15	853.63	422.37	547.88	699.39	2440.85	9380.34
建筑用地	455.59	219.19	91.90	65.61	199.54	143.51	197.08	1372.42
其他	10.55	2.88	0.00	0.64	4.63	0.80	5.91	25.41
合计	4683.89	5024.64	7171.60	5616.79	2818.85	2354.45	6253.27	33923.50

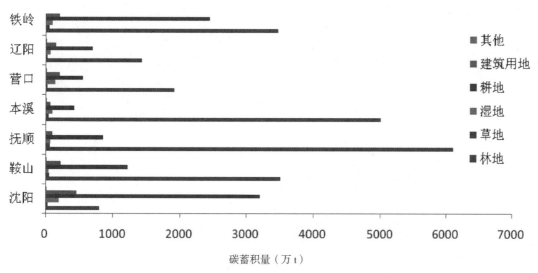

图 3.24　辽宁中部城市群各市土地利用类型碳蓄积量

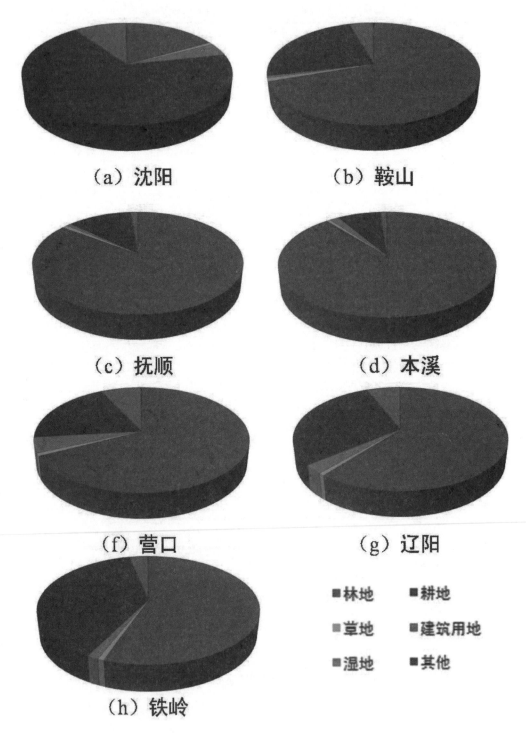

（a）沈阳 　　　　　　（b）鞍山

（c）抚顺 　　　　　　（d）本溪

（f）营口 　　　　　　（g）辽阳

■林地 　■耕地
■草地 　■建筑用地
■湿地 　■其他

（h）铁岭

图 3.25　辽宁中部城市群各市土地利用类型碳蓄积量占比组成

3.2.4 小结

为明晰辽宁中部城市群森林碳储量现状及其固碳速率和潜力，森林地上碳储量在1970—2014年的动态主要是通过LANDIS–Ⅱ模型的BS模块模拟得到的。同时，分别统计分析了辽宁中部城市群7个城市之间的森林碳储量变化状况并计算了森林固碳速率。

通过计算得出了辽宁中部城市群森林碳储量、固碳速率和固碳潜力及其空间分布情况。结果表明：辽宁中部城市群的森林碳密度呈现中部较高、东部和东南部较少的分布趋势。从区域角度看，辽宁中部城市群的森林碳密度最高值是 57.9 t/hm²，平均碳密度为 41.79 t/hm²，东部森林碳储量明显高于西部，总的森林碳储量为 1.23×10^8 t；森林固碳速率最高值为中东部地区的 0.258 t/（hm²·a），平均森林固碳速率为 0.212t/（hm²·a）。单位面积森林固碳潜力最大的地区位于西部，约为 86.81 t/hm²，但面积十分有限，平均单位面积森林固碳潜力为 20.01 t/hm²，总的森林固碳潜力为 5.88×10^7 t。从城市尺度看，抚顺森林总碳储量最高为 3.40×10^7 t，本溪次之，辽阳、沈阳相对较低。各个城市森林固碳速率差别不大，但森林固碳潜力差异较大，森林总固碳潜力最大的是抚顺，为 1.65×10^7 t，沈阳最小，为 1.99×10^6 t。

各城市森林总碳蓄积量由高到低依次为抚顺、铁岭、本溪、鞍山、沈阳、营口和辽阳，这与各城市土地利用组成有关。其中，抚顺和本溪的林地面积较大，铁岭的林地和耕地面积均较大，因此这3个城市的森林碳蓄积量较高，辽阳和营口的辖区总面积相对较小，所以森林碳蓄积量明显低于其他城市。

3.3 辽宁中部城市群碳源碳汇空间演变及预案分析

3.3.1 辽宁中部城市群空间演变对碳源碳汇格局的影响

城市群空间格局与土地利用是碳源碳汇空间调控的基础，在前文研究基础上，根据各个城市建成区的建筑容量提取技术，形成了辽宁中部城市群碳源汇空间格局图，直观揭示了在现有空间结构下的碳源碳汇空间分布，进而探讨辽宁中部城市群不同发展规划下的碳源碳汇空间演变。

（1）辽宁中部城市群空间演变

"十一五"到"十二五"期间，辽宁中部城市群的城市等级规模结构发生了显著变化，城市规模有了较快的增长。不同规模等级的城市发展速度差异较大，人口比重也有所增加，中等城市和人口100万以上的特大城市数量保持稳定，但人口比重均不断下降。

辽宁中部城市群城市规模结构满足位序规模分布规律，城市规模空间分布不均衡，区域差异明显，中等城市规模偏小且数量较少，城市体系整体不尽合理。根据以上分析结果，提出以下优化建议：首先，加强交通运输体系建设，增强持续发展能力。通过轴向开发带动战略，加快哈尔滨-沈阳-大连纵向轴带和丹东-沈阳-盘锦横向轴带各重要交通沿线的建设，从而带动沿线城市的发展，同时加强各城市之间的物资、信息、技术、人才、资金等的交流，促进各城市之间的协同合作，将强化城市功能与扩大规模结合起来，促进城市规模的不断升级。其次，辽宁中部城市群中矿业城市众多，并且大多数矿业城市处于成熟期和衰退期，面临着严峻的经济转型任务。有的矿业城市甚至出现了人口下降趋势，对城市规模造成了较大的影响。因此，需要充分利用各级政府的政策扶持等优势条件，不断提高城市经济实力和城市化水平，加快经济转型步伐，对于完善辽宁中部城市群城市规模分布具有十分重要的意义。

（2）辽宁中部城市群碳源碳汇格局演变

根据辽宁中部城市群主要土地利用类型及变化过程的排放因子，借鉴《IPCC 国家温室气体清单指南》，以核算辽宁中部城市群陆地生态系统碳排放。1997—2004 年，辽宁中部城市群土地利用类型面积变化如表 3.20 所示，城市面积增长最大，其次为农村居民点，增加面积分别为 335.14km^2 和 227.03km^2，城市的面积增长超过了农村居民点。水域和其他用地的面积也有小幅度的增长。林地减少了 245.8km^2，占 1997 年的 2.28%；林地退化的同时，草地的面积有所扩大，增加面积为 85.65km^2，增加了 24.46%；耕地面积减少了 469.34km^2，减少了 4.90%。该时段内，随着城市化的快速发展，生态系统退化的形势十分严峻。

从各种土地利用类型的年变化率看，城市的年变化率最大，为 5.44%，说明城市的面积增长快，其次为草地，增长速率为 3.49%。变化最小的类型是耕地田，年变化率只有 -0.70%，由于耕地基数大，其退化面积高达 469.34km^2，退化趋势不容忽视。林地退化的同时，草地面积增加，草地面积的年增长率为 3.49%，仅次于城市。农村居民点增长速度为 2.14%，居第 3 位。由此可以看出，该时段内，在社会经济快速发展的同时，城市和农村居民点快速扩张，林地退化。

表 3.20　1997—2004 年辽宁中部城市群土地利用类型面积变化

土地利用类型	1997 年面积（km²）	2004 年面（km²）	1997—2004 年土地利用类型的面积变化（km²）	年变化率（%）
城市	880.69	1215.83	335.14	5.44
耕地	9579.22	9109.88	−469.34	−0.70
农村居民点	1516.04	1743.07	227.03	2.14
林地	10765.26	10519.46	−245.8	−0.33
水域	451.39	473.19	21.8	0.69
草地	350.13	435.78	85.65	3.49
其他用地	509.37	555.95	46.58	1.31

表 3.21　1997—2004 年辽宁中部城市群土地利用变化转移矩阵（km²）

用地类型	城市	草地	林地	耕地	水域	农村居民点	其他用地	转出贡献率（%）
城市	679.71	3.41	53.07	103.43	12.62	8.24	19.26	2.89
草地	3.38	230.8	28.92	61.15	1.03	19.6	5.06	1.72
林地	75.33	67.32	8603.64	1362.99	94.28	276.63	84.47	28.29
耕地	376.12	108.54	1408.72	6447.21	115.38	1028.01	66.88	44.78
水域	18.28	1.62	95.35	102.42	197.09	11.67	16.99	3.55
农村居民点	31.29	21.3	215.94	840.91	14.97	377.89	13.37	16.42
其他用地	26.85	2.71	44.51	71.03	5.21	12.66	343.68	2.35
总计	1210.96	435.7	10450.15	8989.14	440.58	1734.7	549.71	100

由表 3.21 可知，对辽宁中部城市群碳源碳汇空间变化做主要贡献的土地利用类型是耕地、林地和农村居民点等 3 种土地利用类型，共占转出贡献率的 89.49%。耕地的转出贡献率最高，达 44.78%，转出面积为 4276.85km²，主要转换去向是农村居民点和城市。林地的转出贡献率为 28.29%，主要转换去向是耕地和农村居民点。农村居民点的转出贡献率为 16.42%，主要转换去向为耕地和林地。从整个研究区来看，东部地区林地面积最大，空间连续性较好，占土地利用中的面积比例在 1997 年和 2004 年分别为 44.76% 和 43.73%，因此林地是辽宁中部城市群的土地利用基质。耕地的面积也较大，1997 年和 2004 年，耕地占土地利用的面积比例分别为 39.83% 和 37.87%，是土地利用面积最大的斑块。其他土地利用类型，如城市、农村居民点、水域、草地和其他用地镶嵌在土地利用中（表 3.22）。

表 3.22　不同类型用地占总面积的比例（%）

类型	2010 年	2004 年	1997 年
城市	5.11	5.05	3.66
耕地	37.69	37.87	39.83
农村居民点	7.71	7.25	6.30
林地	43.07	43.73	44.76
水域	2.18	1.97	1.88
草地	1.34	1.81	1.46

7 种主要的土地利用类型变化的空间分布中，林草地向耕地的转换主要发生在辽宁东部山区、台安县和沈阳西北的各县级市；耕地向农村居民点的转换主要分布在辽宁中部城市群的平原城镇密集地带，而且农村居民点对耕地的侵占量大于城市用地对耕地的侵占量，说明对于农村用地的管理是今后国家和地区政府要特别关注的问题；耕地向城市的转换主要集中在城市的周边地区，特别是沈阳、抚顺、鞍山、营口和辽阳的城市周围；其他用地（主要是河漫滩地等未利用土地）向耕地、林地、草地的转换主要分布在辽河等大型河流的河漫滩地，由于近年来河流断面的宽度锐减，河漫滩地被开垦为耕地，主要种植水稻和玉米；耕地向水域的转换主要分布在沈阳向西南至营口一带的农村地区，耕地向水域的转换原因主要是淡水渔业的经济效益大于农民种田的经济效益。

大部分的城市增长和土地利用变化集中于辽宁中部城市群中部的城镇密集带。城镇密集带以外区域的土地利用变化主要为辽东山区本溪县、桓仁县、清源县、新宾县内，林草地向耕地类型的转换；辽中县、新民市辽河两侧河漫滩地等其他用地向耕地和林地、草地的转换，除去这些转换以外的带状城市群的土地利用变化占整个辽宁中部城市群土地利用变化总量的 77.6%。而且 3 种转换发生在城镇稀疏地区，碳源碳汇空间的转换主要受经济利益的驱动，并非城镇增长的驱动。

由表 3.23 可知，在辽宁中部城市群内，城市增长对耕地的侵占主要集中在中部的城镇密集带内，比例高达 97.21%；耕地向林草地的转换也主要集中在城市群中部的城镇密集带内，比例高达 84.87%；耕地向农村居民点用地的转换，中部城镇密集带占整个城市群的 62.76%；其他土地利用类型变化之间的转换也主要集中在中部的城镇密集带，比例高达 88.46%。城镇密集带内城市面积为 1215.83km²，占城市群城市总面积的 90.34%。因此，无论在土地利用类型数量还是在土地利用变化的面积上，辽宁中部城市群的城镇密集带是土地利用变化较大的区域，城镇密集带区域的土地利用动态将受到辽宁中部城市群城市发展的直接影响，生态环境问题突出。

表 3.23　辽宁中部城市群与其城镇密集带土地利用变化的比较

主要土地类型变化	城市群变化（km²）	城市带内变化（km²）	所占比例（%）
林草地→耕地	430.51	158.99	36.93
耕地→农村居民点	406.18	254.9	62.76
耕地→城市	250.23	243.25	97.21
其他用地→耕地	208.37	9.89	4.75
其他用地→林草地	117.88	9.97	8.46
耕地→水域	111.11	61.52	55.37
耕地→林草地	83.03	70.47	84.87
林草地→农村居民点	78.48	40.38	51.45
其他土地类型变化	460.31	407.19	88.46
面积总变化	2146.10	1256.56	58.55

（3）碳源碳汇空间格局演变的影响因素分析

①辽宁中部城市群碳源碳汇自然因素。

自然地理条件是城市群碳源碳汇空间格局变化的基础条件，气候、地形、地貌、水文、矿产资源等自然要素直接或间接地影响辽宁中部城市群碳源碳汇空间格局变化。

气候和水文是辽宁中部城市群碳源碳汇空间格局演变的主要驱动力之一，驱动 LUCC 的碳排放过程，由于近年来气候干旱，降水减少，2000—2004 年，辽宁中部城市年平均降水量为 511.7 mm，比 20 世纪 80 年代前多年平均降水量（668 mm）减少 23.4%。其中，沈阳减少 36.6%，鞍山减少 6.97%，抚顺减少 5.12%，本溪减少 5.54%，营口减少 12.9%，铁岭减少 2.03%；年平均径流量值 11.4 亿 m³，比 20 世纪 80 年代前多年平均年径流量减少 38.9%，其中，沈阳减少 30.5%，抚顺减少 37.5%，本溪减少 44.6%，辽阳减少 31.8%，营口减少 71.7%，铁岭减少 62.9%。辽宁中部城市群水资源总量及其分布变化较大，1997—2004 年，水资源总量变化区间为 79.16 亿 ~ 183.78 亿 m³，分别占辽宁省水资源总量的 45.6% ~ 62.7%。在气候和水文的共同作用下，辽河流域很多河流的水量下降，河流横断面宽度变小，河漫滩裸露，变成林地草地或被开发成农田，因此，气候因素是引起河漫滩地向耕地和林地、草地转变的根本原因。同时，水资源的问题也是辽宁中部城市群地区实现经济社会可持续发展的瓶颈。

地形和地貌是辽宁中部城市群最稳定的自然驱动因素，东南部低山丘陵和西北部的平原共同构成了其地形地貌特点。总体上讲，地形和地貌因素决定了辽宁中部城市群土地利用总体特征，但时空变化缓慢，短时间来看，对城市群碳源碳汇空间格局变化影响较小。

矿产资源是辽宁中部城市群碳源碳汇空间格局变化的主要驱动力之一。矿产资源丰富是辽宁中部城市群的主要特点之一，城市群的发展壮大也得益于矿产资源的开发利用。区域矿产资源的开发使城市群土地利用发生了很大的变化，矿山的开发建设造成植被的破坏，矿渣和煤矸石等废弃物的堆放占用了大量的土地资源，矿山的开采严重改变了地表的土地利用和生态过程，如鞍山、抚顺、辽阳、调兵山等城市到处可见裸露的矿山和矿坑，大面积的矸石山影响城市的土地利用格局，进而影响土地利用的碳排放特征。

②辽宁中部城市群碳源碳汇人文因素。

章波等（2005）认为人口和经济是城市群空间格局变化的驱动因素。刘纪远等（2002）认为城市扩展和空间格局变化的主要驱动力是人口变化、经济增长及土地利用政策和法规的变化。田光进（2002）认为中国城市群土地利用变化的驱动力是国家大尺度的经济发展政策和管理政策。Long et al.（2007）认为工业化、城市化、人口增长和中国经济改革政策是长三角城市群土地利用变化的重要驱动力。针对辽宁中部城市群的实际情况，王美玲等（2012）以沈阳为例，分析了能源消耗碳排放的影响因素，认为经济发展对沈阳碳排放增长有促进作用。王美玲等（2013）利用遥感数据分析了沈阳铁西老工业区土地利用变化的时空特征及驱动力，认为国家发展战略和政策、区域发展规划、行政体制改革、产业升级等是铁西老工业区土地利用变化的主要驱动力。邴龙飞等（2014）从土地集约利用的角度，阐述了在典型的老工业基地改造过程中，经济发展、人口增长、产业结构调整等因素对土地集约利用具有重要影响。

本研究分析认为人口增长、城市和村镇聚落增长、农业开发、经济发展和工业化是主要的人为驱动力。

a. 人口增长的驱动作用。人口因素是土地利用/土地覆被变化最具活力的驱动力之一（王秀兰，2000）。人口增长必然导致居住用地的扩大和对土地利用系统输出产品需求量的增加，进而导致区域土地利用的变化。通过前面的分析可知，辽宁中部城市群从1990年到2003年人口不断增长。人口增长对住房的需求促进了城市面积和村镇聚落住宅面积的增长。人口增长加大了对交通、旅游等服务的需求，促进了道路的建设和风景区的开发，改变了区域的土地利用结构。人口增长对粮食、蔬菜、水果、花卉等农业产品的需求量加大，促进了农业的发展，导致农业种植结构的变化，从而使土地利用发生改变。人口增长对资源的消耗需求会导致矿产资源的加速开采和森林资源的减少，从而直接或间接地改变区域的土地利用。总之，人口增长及其对衣、食、住、行的需求是城市群土地利用变化的最重要的驱动力，极大地改变了区域的碳排放特征。

b. 城市和村镇聚落增长的驱动作用。城市和村镇聚落的增长是城市群土地利用变化的重要驱动力。前面分析了众多城市增长的驱动因素，这些驱动因素通过城市的增长又间接作用于城市群的土地利用变化。城市增长通过人口、产业集中、地域扩散占用土地，使城市周边的土地利用发生变化，而且通过生活方式和价值观念的扩散，改变原来的土地利用结构。布仁仓等（2005）研究表明，在辽宁中部城市群地区，城市增长侵占城市周边的菜地，使菜地向外增长，进而侵占农田。

村镇聚落的增长对城市群土地利用变化有较大的作用。村镇聚落虽然与城市比个体面积很小，但村镇聚落数量众多，分布广泛，是城市群土地利用变化很重要的驱动因素，但往往容易被忽略。通过研究表明，1997—2004年，农村居民点对耕地的侵占对城市群土地利用变化贡献率为18.9%，平均每年农村居民点对耕地的侵占量达到58.0km^2，而且随着社会主义新农村建设国家政策的实施，农村居民点对城市群土地利用变化碳排放的影响会进一步加大。

c. 农业开发的驱动作用。城市群的土地利用变化受农业开发的影响较大。1997—2004年，林地、草地向耕地的转换是辽宁中部城市群最大的土地利用变化，占整个土地利用变化的20.1%，是农业开发活动土地利用变化的主要驱动因素。在辽宁中部城市群的土地利用变化中，除了将林地、草地开发成耕地外，还有农民把农田改变成鱼塘养鱼养蟹，在土地利用上表现为水域面积大幅度增加。农民在经济利用的驱动下，把农田或林地转化成果园等，造成碳源碳汇格局发生变化，因此，辽宁中部城市群地区的农业开发对土地利用变化碳排放的影响较大。

d. 经济发展和工业化的驱动作用。经济发展是推动城市空间增长和城市化水平提高的主要驱动力（潘卫华、徐涵秋，2004），经济基础的差异会导致城市群城市空间增长模式的差异，如经济不发达地区的城市群城市空间增长以单核心型和多核心型的城市群为主，城市群土地利用变化相对较小，经济发达地区的城市群城市空间增长以密集型为主，中小城市的面积增长也较快，乡镇企业发展导致农村建设用地面积增长迅速（韦素琼、陈健飞，2004），城市群土地利用变化相对较大。随着辽宁中部城市群经济的快速发展，使得区域的城市和村镇聚落的面积增长加快，从前面的分析可知，辽宁中部城市群建成区面积与区域的GDP和人均GDP显著相关，经济发展间接促进了城市群的碳源碳汇空间变化。辽宁中部城市群空间格局的形成受区域工业化的驱动，具体表现为工业区的建设影响城市的布局和区域的土地利用，工业发展对原料的需求促进了城市群地区矿山的开发，从而改变了局部地区的土地利用，因此，工业发展对城市群土地利用变化有重要的影响，引起上述土地利用变化的因素都同土地利用行为密切相关，势必会对区域的碳排放格局产生巨大的影响。因此，区域中如何通过碳源碳汇空间的调控实现碳平衡成为亟待解决的问题。

3.3.2 基于CLUE-S辽宁中部城市群碳源碳汇预案分析

根据对辽宁中部城市群LUCC驱动机制的分析和模型运行的数据需要，本研究以2000年的数据为基础，运用CLUE-S模型模拟2014年的土地利用图（图3.26），并与2014年的遥感解译的实际土地利用图进行对照，以评价模拟效果。研究区数据的可得性等实际情况，选择了 DEM、坡度、坡向、到最近河距离、到最近公路距离、到最近乡镇点距离、人口密度（以县区为单位）、城镇化水平（以县区为单位）、第一产业增加值（以县区为单位）、第二产业增加值（以县区为单位）、GDP（以县区为单位）、农业机械总动力（以县区为单位）12 个因素作为影响流域土地利用 / 土地覆被空间分布的因素。为了便于CLUE-S 模型运行，研究区去掉了沿海诸岛。在 ArcGIS 10.0 平台下，结合收集到的社会经济统计资料，依次制作栅格式辽宁中部城市群的 DEM 图（图 3.27 左）、坡度和坡向图（图 3.27右）、到最近河流距离图（图 3.28）、到最近公路距离图（图 3.29 左）、到最近乡镇点距离图（图 3.29 右）、人口密度图（2014 年）、城镇化水平图（2014 年）、第一产业增加值图（2014 年）、第二产业增加值图（2014 年）、GDP 图（2014 年）、农业机械总动力图（2014 年）。基于 CLUE-S 模型所带示例的默认参数，从 1000m 分辨率（栅格大小为 1000m × 1000m）开始，以 100m 为步长提高空间分辨率。结果表明，在辽宁中部城市群 CLUE-S 模型最高可运行的分辨率为 250m，其栅格图层包含 1587 行、1294 列。因此，本研究选择的空间尺度为 250m。另外，由于 CLUE-S 模型面积比例限制（地类面积小于研究总面积的 1%，将不能进入模型），将土地利用类型合并为 8 类：水田、水域、旱地、林地、农村居民点、城镇、草地和灌木林。将未利用地归并入水域。6 类土地利用类型的弹性系数分别设为：耕地 0.6、园地 0.8、林地 0.8、草地 0.8、建设用地 0.6、水域 0.8。

为了满足 SPSS 统计分析的需要，计算各地类的分布和这些影响因子之间的二元Logistic 回归系数，依次把这些栅格图层通过 Arctoolbox 和 CLUE-S 下的 Converter 工具转化为 SPSS 可以识别的 txt 文本。最后，在置信度为 95% 的条件下，分别计算了耕地、林地、建设用地、水域、草地和园地与这些因子之间的回归系数。表 3.24 中的 Beta 系数由Logistic 回归方程得出的关系系数，其值将作为 CLUE-S 模型中 alloc.reg 文件的内容。Exp（β）值是 Beta 系数的以 e 为底的自然幂指数，其值等于事件的发生比率（Odds Ratio），表明当解释变量（变量因子）的值每增加一个单位时，土地利用类型发生比率的变化情况。

Logistic 回归结果采用 ROC 评价。所有土地利用类型 ROC 曲线下的面积在 0.7 以上，说明进入回归方程的因子对土地利用类型的空间分布格局具有较好的解释效果，水域更是高达 0.94，解释效果相当理想。

将计算得到的回归系数作为参数输入到 CLUE-S 模型中，并设好主参数、限制区域、土地需求等参数，其中模拟期末的土地需求参数分别为 2014 年各土地类型的面积数。当所有参数设置完成后，运行模型。当各土地类型面积分配达到既定标准（即模型分配的每一土地类型的面积与 2014 年各自面积的差值与各自面积的百分比小于 0.1%），模型收敛，模拟结束。随后，在 ArcGIS10.0 平台下，将模拟结果转换成可显示的 Grid 格式，并在相同分辨率（250m）下，将其与 2011 年的土地利用类型图对比。

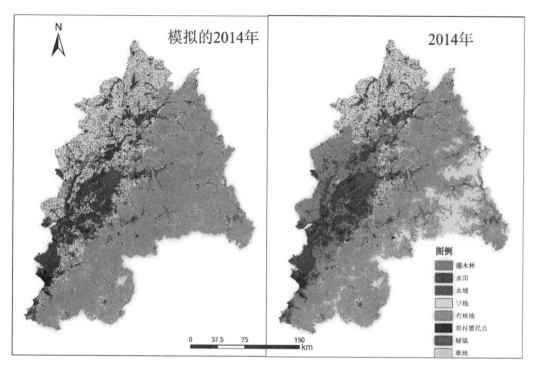

图 3.26　通过使用 2000 年数据运用 CLUE-S 模型模拟 2014 年的土地利用图

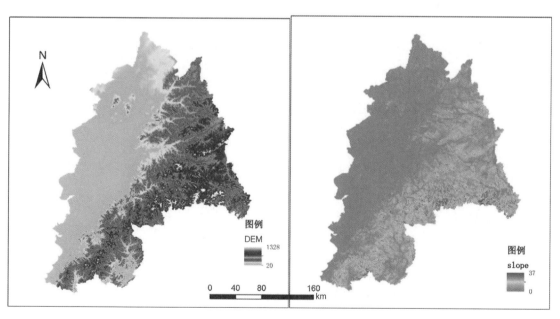

图 3.27　EDM 图、坡度和坡向图

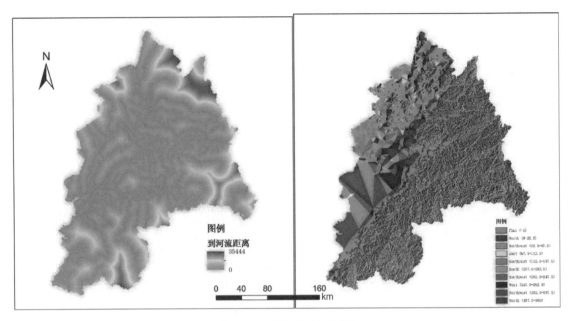

图 3.28　到最近河流距离图

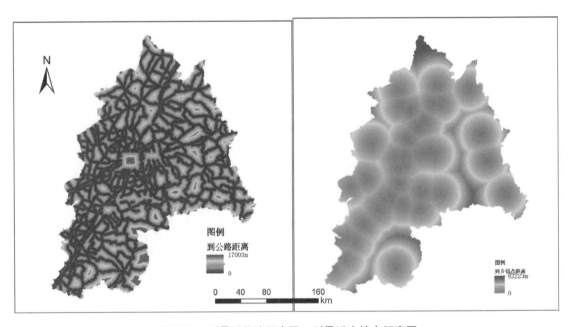

图 3.29　到最近公路距离图、到最近乡镇点距离图

表 3.24　2000 年 CLUE-S 模型回归系数

分配因子	耕地 Beta 系数	林地 Beta 系数	草地 Beta 系数	建设用地 Beta 系数	园地 Beta 系数	水域 Beta 系数
到居民点距离	0.00004	—	−0.00001	0.00002	−0.00004	−0.00006
到河流距离	−0.00002	−0.00007	—	—	0.00002	0.0001
到公路距离	0.00001	−0.00002	0.00001	0	0.00001	−0.00002
坡向	—	0.00013	—	0.00025	−0.00029	−0.00102
高程	−0.00129	0.00256	—	−0.00181	0.0017	−0.00698
坡度	−0.10232	0.1324	−0.01297	−0.04353	0.05903	−0.13707
人口密度	−0.00111	0.00215	0.00419	0.00012	−0.00037	−0.00602
单位面积第二产业增加值	−0.0028	0.00552	—	−0.00077	−0.00167	−0.00181
城镇化水平	−0.02038	0.032	0.02301	0.00311	0.00632	−0.04006
单位面积第一产业增加值	0.00176	0.00299	−0.01664	0.00408	−0.01615	−0.00606
GDP	0.00275	−0.00549	−0.00411	0.00077	0.00114	0.0034
农机总动力	—	0.03053	−0.03011	−0.00931	−0.02428	−0.02495
常量	0.35	−3.2	1.6	−2.67	−1.22	1.42
ROC	0.849	0.821	0.868	0.735	0.917	0.931

模型验证的方法包括主观评价、图形比较、偏差分析、回归分析、假设检验、多尺度拟合度分析和景观指数分析等方法（徐崇刚等，2003）。本研究采用了栅格水平上评价的 Kappa 指数系列方法和整体景观水平上的景观指数方法，对每一年预测结果的各指数加以分析。景观指数选取了总斑块数、香农多样性指数、香农均匀度指数、景观形状指数、聚集度指数、蔓延度（表 3.25）。指数的意义见上节，其计算基于 Fragstats Version 3.3 进行。

表 3.25　模拟结果与 2014 年土地利用图景观指数比较

	2014 年模拟	2014 年真实
总斑块数 NP	16009	16232
香农多样性指数 SHDI	1.4376	1.4367
香农均匀度指数 SHEI	0.6914	0.6909
景观形状指数 LSI	86.8605	86.9101
聚集度指数 AI	66.6465	66.6266
蔓延度 CONTAG	40.9806	40.9927

由表 3.25 可以发现，香农多样性指数、香农均匀度指数和聚集度指数模型图的值与 2014 年土地利用图的值非常相近。由于在模型中各类型土地利用类型面积是预先输入的参数，模型模拟结果与 2014 年的土地利用结果相差很小，这可能是造成这 3 个与面积相

关的指数和真实的 2014 年土地利用的值相差不大的原因。总斑块数、景观形状指数和蔓延度的模拟结果的值与 2011 年真实土地利用图有一定的差别，但差别不大。

为了更好地揭示模拟效果的好坏与否，运用 Kappa 指数系列进一步分析。

由表 3.26 可以发现，面积 Kappa 指数（KStand）为 86% 以上，表明模拟结果图与现实 2014 年土地利用图各土地利用类型面积一致性比较好，这是由于土地利用面积需求是作为参数输入的。标准 Kappa 指数（KLocation）、位置 Kappa 指数（KNo）和随机 Kappa 指数（KQuantity）系列均大于 75%，具有较大的一致性，预测结果的误差可以接受，说明应用 CLUE-S 模型能较好地模拟辽宁中部城市群景观格局变化，可以将其应用于辽宁中部城市群在不同预案下的景观格局变化模拟（Pontius，2000；布仁仓等，2005）。

表 3.26　Kappa 指数系列计算结果

KStand	KLocation	KNo	KQuantity
0.86161	0.81778	0.93131	0.82511

（1）预案设定

根据《辽宁中部城市群发展规划（2006—2020）》的具体内容与各项发展目标，设计了两个预案。

预案 1：政策规划预案，基于《辽宁中部城市群发展规划（2006—2020）》目标下的土地利用变化预测，以下将此预案称为"规划预案"。

预案 2：低碳发展预案，设定低碳发展情景对建筑用地和其他土地利用类型的发展进行发展约束。

（2）辽宁中部城市群碳排放需求预测

① "规划预案"下的土地利用需求预测。

"规划预案"根据辽宁中部城市群发展规划，得到 2014 年和 2020 年的政策规划下的土地利用需求。

《辽宁中部城市群发展规划（2006—2020）》相关规划内容如下：

辽宁中部城市群土地总量占辽宁省的 43.85%，人口占辽宁省的 51.17%，从人口与土地关系的总量来看，土地资源相对贫乏。就土地面积来说，辽宁中部城市群 7 市中，沈阳土地面积最大，其次是铁岭、抚顺、鞍山、本溪，辽阳土地面积最小。就人口密度来说，沈阳最高（533.75 人 /km^2），紧随其后的是营口（425.80 人 /km^2）、辽阳（380.02 人 / km^2）、鞍山（373.05 人 /km^2），这 4 个城市的人口密度均高于辽宁中部城市群的平均水平 328.97 人 /km^2，其余 3 个城市中铁岭 231.10 人 / km^2、抚顺 206.31 人 / km^2，本溪最小，人口密度仅为 184.19 人 / km^2。

从人口与土地的关系来看，沈阳、鞍山、营口、辽阳这 4 个城市以较少的土地养活了较多的人口，说明这些城市的土地利用效益较高。造成这种现象的原因，一是土地自然和经济属性的差别，二是土地开发程度，也就是经济发展水平的差别。

a. 人口规模预测。

从辽宁中部城市群 7 个城市 1996—2004 年的人口变动情况可以看出，1996 年辽宁中部城市群总人口为 2080.7 万人，2004 年总人口为 2135.0 万人，9 年间人口增长了 2.64%（表 3.27）。

表 3.27　1996—2004 年辽宁中部城市群 7 个城市人口统计表（单位：万人）

年份 城市	1996 年	1997 年	1999 年	1999 年	2000 年	2001 年	2002 年	2003 年	2004 年
沈阳	671.04	673.80	674.86	677.08	685.10	689.34	688.92	689.10	693.90
鞍山	338.02	339.21	339.62	340.26	344.24	344.23	344.70	345.28	346.90
抚顺	226.81	227.16	227.13	226.91	227.01	226.19	226.11	225.47	224.90
本溪	155.62	156.26	156.30	156.69	157.10	156.46	156.57	156.68	156.60
营口	220.71	221.77	222.91	224.25	226.22	227.37	228.45	229.20	229.90
辽阳	176.71	177.78	178.64	179.20	181.30	181.85	182.06	182.35	182.40
铁岭	291.75	294.13	295.62	296.99	298.50	298.86	299.33	299.44	300.40
合计	2080.66	2090.11	2095.08	2101.38	2119.47	2124.30	2126.14	2127.52	2135.00

人口综合增长受自然增长和机械增长两方面因素的影响。2004 年辽宁中部城市群户籍人口规模为 2135.00 万人，2003 年人口规模为 2127.52 万人，综合增长率为 3.15‰，近几年来年平均自然增长率约为 2.4‰，年平均机械增长率为 1.02‰。根据表 3.28，从历年辽宁中部城市群增长率的变化看出，就自然增长率而言，中心城市沈阳已经出现了人口负的自然增长率，其他 6 个城市的人口自然增长率处于不断下降过程中；就机械增长率而言，近几年辽宁中部城市群人口的流动变化性较大，其中，沈阳、鞍山的外来流动人口较多，铁岭、抚顺的外出人口较多。

表 3.28　历年辽宁中部城市群增长率变化一览表（单位：‰）

年份	辽宁中部城市群		沈阳		鞍山		抚顺	
	自然增长率	机械增长率	自然增长率	机械增长率	自然增长率	机械增长率	自然增长率	机械增长率
1997 年	2.90	2.15	1.38	4.99	3.62	1.7	1.52	3.35
1998 年	2.46	2.08	0.94	3.17	2.59	0.93	0.82	0.72
1999 年	5.78	−3.40	6.31	−4.74	6.11	−4.9	5.83	−5.96
2000 年	1.39	1.62	−0.09	3.38	2.27	−0.39	−0.35	−0.62
2001 年	4.03	4.60	1.6	10.24	6.68	5.02	−0.17	0.61
2002 年	1.18	1.12	0.84	5.35	0.83	−0.86	0.1	−3.71
2003 年	1.37	−0.51	0.85	−1.46	1.41	−0.04	0.3	−0.65
2004 年	0.12	0.54	−0.81	1.07	0.23	1.45	−1.4	−1.43

年份	本溪		营口		辽阳		铁岭	
	自然增长率	机械增长率	自然增长率	机械增长率	自然增长率	机械增长率	自然增长率	机械增长率
1997 年	3.25	−2.48	3.52	1.44	4.3	−0.61	5.12	−0.13
1998 年	3.18	0.93	3.4	1.4	4.27	1.79	4.89	3.27
1999 年	5.96	−5.7	4.89	0.25	4.71	0.13	5.41	−0.34
2000 年	1.65	0.85	2.86	3.15	3.25	−0.12	2.7	1.93
2001 年	3	−0.38	8.68	0.1	8.97	2.75	3.73	1.35
2002 年	1.02	−5.09	2.13	2.95	2.17	0.86	1.91	−0.7
2003 年	1.41	−0.71	1.95	2.8	2.22	−1.07	2.38	−0.81
2004 年	−0.1	0.8	1.29	1.99	1.39	0.2	1.69	−132

　　预测在规划期内，辽宁中部城市群人口的自然增长率将持续走低，维持在 1.0‰左右。而机械增长率近几年波动较大，但随着振兴东北老工业基地等战略的实施以及相关户籍政策的放松，预计未来辽宁中部城市群人口机械增长率仍将呈快速上升趋势。根据上述分析，考虑到未来城市群经济发展、城市规模扩大以及户籍门槛的降低，人口机械增长率将进一步提高，同时结合各有关部门的分析预测，并参考其他城市群的预测数据，远期随着人口老龄化的加剧，在计划生育政策不变的情况下，人口增长率将逐渐降低，而随着经济增长，未来人口将会有较高的增长。得到预测结果如表 3.29 所示。

表 3.29　模型预测结果（单位：万人）

年份	预测值	年份	预测值
2006 年	2154.26	2014 年	2255.36
2007 年	2163.95	2015 年	2271.15
2008 年	2173.69	2016 年	2287.04
2009 年	2183.47	2017 年	2303.05
2010 年	2193.30	2018 年	2319.17
2011 年	2208.65	2019 年	2335.41
2012 年	2224.11	2020 年	2351.76
2013 年	2239.68		

b. 建设用地规模预测。

通过预测可得辽宁中部城市群区域 2010 年的城市化率为 70%，2020 年的城市化率为 76%。2010 年辽宁中部城市群区域城镇人口 1767.5 万人；2020 年辽宁中部城市群区域城镇人口 2143 万人，现在辽宁中部城市群城镇人均用地指标为 89.9m²/人。

按照《城市用地分类与规划建设用地标准》（GBK137—1990）要求，结合辽宁中部城市群各城市的总体规划（2003—2020 年）所确定的中心城市发展规模，分别以人均 90m²（低方案）、100m²（中方案）和 120m²（高方案）3 种情况来预测未来辽宁中部城市群的城镇建设用地，进行多方案选择，得到规划期辽宁中部城市群城镇用地规模。

低方案是按照辽宁中部城市群现状人均城镇用地水平（90m²），到 2010 年城镇用地规模为 15.91 万 hm²，2020 年为 19.29 万 hm²；中方案（100m²）的预测结果为 2010 年辽宁中部城市群城镇建设用地面积为 17.68 万 hm²，2020 年为 21.43 万 hm²；高方案是国家规定的城镇人均用地的最高标准（120m²），到 2010 年城镇用地规模为 21.21 万 hm²，2020 年为 25.72 万 hm²。在坚持集约用地、提高城镇建设用地总体容积率的原则下，根据辽宁中部城市群地区人均城镇用地现状及社会经济发展趋势，结合高、中、低 3 个方案，规划城镇人均建设用地面积 2010 年为 18.27 万 hm²，2020 年为 22.15 万 hm²。

c. 农村居民点用地规模。

农村人口。2010 年辽宁中部城市群区域农村人口 757.5 万人，2020 年辽宁中部城市群区域农村人口 676.8 万人。

农业人口农村居民点需求预测结果。鉴于辽宁中部城市群的农村居民点实际现状，参考《村镇建设规划》的标准及其他区域农村用地的标准，分别以人均 150m²（高方案）（《村镇建设规划》规定的最高标准）、135m²（中方案）和 120m²（低方案）3 种情况来预测未来辽宁中部城市群及其不同区域的农村居民点建设用地规模，进行多方案选择。根据上述人均用地标准及相应年份的农业人口规模，得出辽宁中部城市群在 2010 年和 2020 年的农村居民点建设用地。

辽宁中部城市群人均农村居民点用地的现状水平远远高于 150m²/人。根据《国务院关于深化改革严格土地管理的决定》（国发 [2004]28 号文），必须鼓励开展农村建设用地整理，城镇建设用地增加要与农村建设用地减少相挂钩。为了在规划期内引导农村合理用地，提高农村居民点的集约利用程度，确定 2010 年农村居民点建设用地为 10.23 万 hm²；2020 年农村居民点建设用地为 9.14hm²。

d. 土地利用用地规模预测。

解译的 2014 年辽宁中部城市群建设用地面积为 15.995 万 hm²，与《辽宁中部城市群发展规划（2006—2020）》预测的土地利用面积到 2010 年的 3 个方案中低方案 15.91 万 hm² 最接近。参考规划中的低方案，同时应用 2000 年、2005 年和 2014 年的土地利用解译结果进行转移矩阵和面积统计分析，然后采用插值法，对 2000—2014 年的土地利用面积进行插值，得到相应年份的土地面积。2014—2030 年的土地需求量预测在参考《辽宁中部城市群发展规划（2006—2020）》低方案的情形下进行预测。预测的方法很多，但主要分属于 3 组方法，即回归分析法、时间序列分析法和模型法。时间序列是按照时间顺序排列的一系列被观测的数据，其观测值按固定的时间间隔采样。时间序列分析的主要内容是研究时间序列的分解、预测，以及时间序列的建模、估计、检验和控制等。ARMA 时间序列分析法是一种利用参数模型对有序随机振动响应数据进行处理，从而进行模态参数识别的方法（Bowerman，1993）。参数模型包括 AR 自回归模型、MA 滑动平均模型和 ARMA 自回归滑动平均模型。如果经过差分变换后的时间序列再应用 ARMA 模型，称该序列为 ARMA 模型，ARMA 时序模型方程如公式：

$$\sum_{k=0}^{2N} a_k x_{t-k} = \sum_{k=0}^{2N} b_k f_{t-k}$$

采用时间序列分析预测研究区土地需求量的变化趋势主要基于两个基本假设：一是决定土地利用需求量的历史因素，在很大程度上仍决定土地需求量的未来发展趋势，这些历史因素作用的机理和数量关系保持不变或变化不大；二是未来的变化趋势表现为渐进式，而非跳跃式。

传统的平均增长法、回归分析法、用地定额指标法等土地需求量预测方法，虽然简单实用，但在先进性和准确性方面相对比较欠缺。ARMA 模型在做时间序列分析时，根据历史数据的变动规律，找出数据变动模型（移动平均数、周期成分），从而实现对未来的预测。它不仅预测准确，而且灵活有度。

因此，本文采用时间序列（ARMA）分析的方法，根据历史数据实现对未来土地利用类型面积的预测，"规划预案"的预测结果如表 3.30 所示。

表 3.30 规划预案土地利用预测结果（单位：hm²）

年份	灌木林	水田	水域	旱地	有林地	农村居民点	城镇
2014 年	105806	550269	206044	2095519	2835075	438563	159950
2015 年	97294	542860	206044	2108815	2834843	438660	164864
2016 年	96838	541941	206044	2109735	2834821	438991	165414
2017 年	96819	536782	206044	2115052	2834785	438041	168499
2018 年	96801	533057	206044	2118464	2834756	437903	170693
2019 年	96783	528497	206044	2114451	2834727	438105	172729
2020 年	97764	524388	206044	2117362	2834698	438030	175081
2021 年	98746	521654	206044	2116830	2834670	437955	177777
2022 年	97661	519549	206044	2117891	2834641	437880	179970
2023 年	97528	515168	206044	2090049	2834612	437805	195005
2024 年	97396	513115	206044	2089231	2834583	437730	198067
2025 年	97263	513375	206044	2085411	2834554	437655	203294
2026 年	97130	513321	206044	2083472	2834525	437580	207072
2027 年	96998	513025	206044	2081291	2834496	437505	209823
2028 年	102639	512809	206044	2066660	2834467	437430	211554
2029 年	99759	512188	206044	2068388	2834439	437355	212969
2030 年	102176	512333	206044	2062311	2834410	437280	217627

② "低碳预案"下的碳排放需求预测。

土地利用中与人类活动最为直接和敏感的类型为建设用地，当前对于建设用地的预测多基于单位人均面积和人口变化，没有充分考虑到城市的建筑密度和高度，也就是城市的建设容量。"低碳预案"是在"规划预案"的结果基础上得到的辽宁中部城市群建设容量基础，然后对结果进行调整，设定新开发的区域不小于当前城市建成区的建设容量，同样采用时间序列分析方法进行分析，结果如表 3.31 所示。

表 3.31　低碳预案土地利用预测结果（单位：hm^2）

年份	灌木林	水田	水域	旱地	有林地	农村居民点	城镇	草地
2014 年	105806	550269	206044	2095519	2835075	438563	159950	82675
2015 年	97294	542860	206044	2102588	2839973	443660	162480	79001
2016 年	96838	541941	206044	2102941	2840581	444291	162794	78471
2017 年	96819	536782	206044	2099193	2843991	447841	164555	78674
2018 年	96801	533057	206044	2097269	2846454	450403	165827	78045
2019 年	96783	528497	206044	2095302	2849469	453540	167384	76881
2020 年	97764	524388	206044	2092483	2852186	456367	168787	75881
2021 年	98746	521654	206044	2088259	2850913	461747	171602	74935
2022 年	97661	517460	206044	2090458	2861303	449983	171315	79676
2023 年	97528	513660	206044	2090664	2871055	443717	172227	79006
2024 年	97396	508274	206044	2092858	2875582	441639	172650	79459
2025 年	97263	507650	206044	2089149	2881008	440647	173027	79113
2026 年	97130	506466	206044	2089417	2882366	440416	173743	78317
2027 年	96998	506155	206044	2091825	2883841	435639	173844	79554
2028 年	96865	503881	206044	2096011	2883364	433015	174043	80678
2029 年	96732	500193	206044	2099175	2883519	432176	174711	81350
2030 年	96600	506387	206044	2089741	2888026	431704	175226	80172

3.3.3　土地利用类型转移弹性设置

土地利用类型转移弹性（即 ELAS 参数）是指在一定时期内，研究区内某种土地利用类型可能转化为其他土地利用类型的难易程度，是根据区域土地利用系统中不同土地利用类型变化的历史情况以及未来土地利用规划的实际情况而设置的，其值越大，稳定性越高。需要说明的是，转移弹性参数的设置主要依靠对研究区土地利用变化的理解与以往的知识经验，当然也可以在模型检验的过程中进行调试。另外，CLUE-S 模型对参数 ELAS 的变化十分灵敏，其一个微小的变化就可能引起模拟结果产生较大的变化。根据前人研究工作中的设置（张永民，2004；摆万奇，2005；刘淼，2007；彭建，2008）和研究区土地利用现状特点及变化特征，分别给不同的土地利用类型赋予 ELAS 参数值，为最后的模拟选择一个较为合适的参数方案。研究区各种土地利用类型转移弹性见表 3.32。

表 3.32　ELAS 参数设置

土地利用类型	耕地	园地	林地	草地	建设用地	水域
规划预案	0.7	0.8	0.8	0.8	07	0.8
低碳预案	0.8	0.8	0.8	0.8	0.8	0.8

在"规划预案"下，根据过去 10 年的土地利用变化，耕地处于不断下降趋势，每年下降的面积占总面积比重较大，将其系数设为 0.7；建设用地根据历史趋势，变化较快，故将其系数设置较低，为 0.7；其他土地利用类型设为 0.8。在"低碳预案"下，要求建设用地集约发展，减少对其他土地利用类型的占用，土地利用类型变化较慢，设为 0.8。

3.3.4　预案回归系数设定

预案模拟仍然需要先计算出各土地利用类型与其空间分布影响的自然、社会经济因素之间的二元 Logistic 回归系数。与之前的模型验证不同的是，由于人口密度、城镇化水平、第一产业增加值、第二产业增加值、GDP、农业机械总动力等因素发生了较为明显的变化，因此，在预测中需要将这 6 个因素的数据更新到 2007 年。回归结果表明，进入各地类回归方程的因子发生了一些小的变化，大多数土地利用类型回归系数的水平有不同程度的提高，除草地和园地外，其余土地利用类型的 ROC 值均有所提高，说明回归方程对预测期内各地类空间分布的解释效果更好。

3.3.5　模拟结果

将回归结果输入模型之中，并设置好其余相关参数，在两个预案下分别对 2015—2030年的土地利用变化进行模拟（图 3.30~ 图 3.32）。

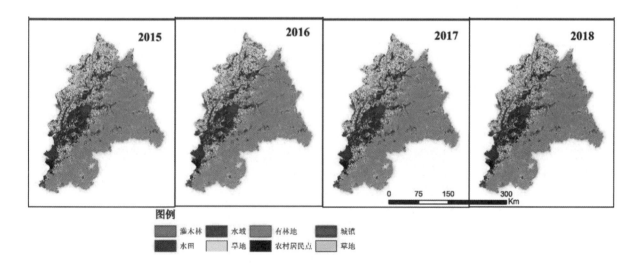

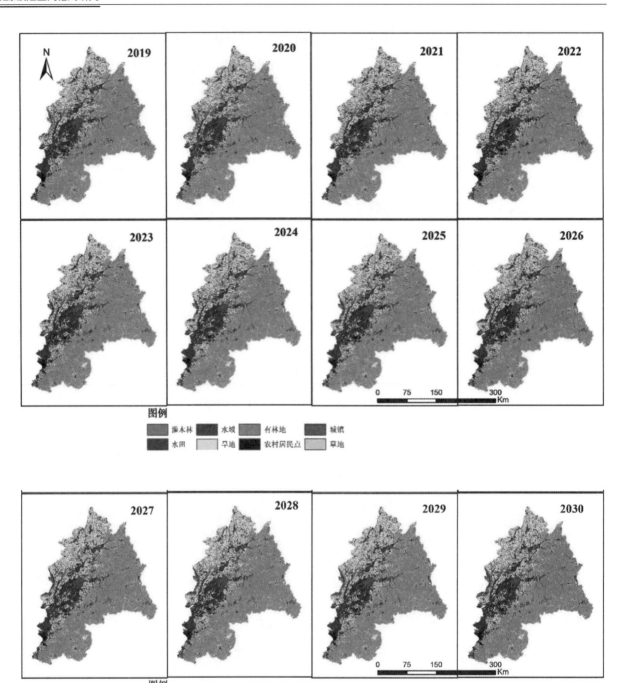

图 3.30 "规划预案"下 2015—2030 年的模拟结果

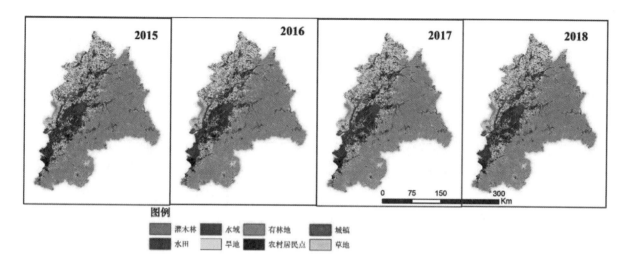

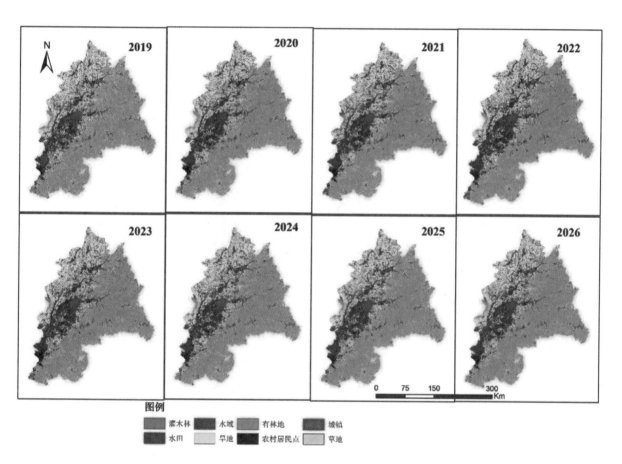

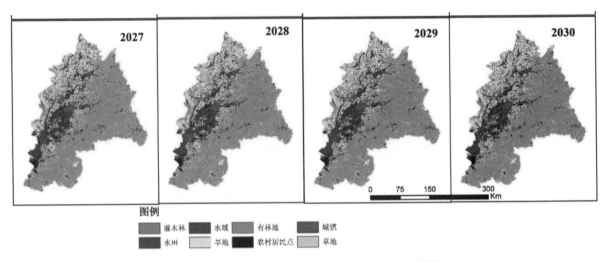

图 3.31　"低碳预案"下 2015—2030 年的模拟结果

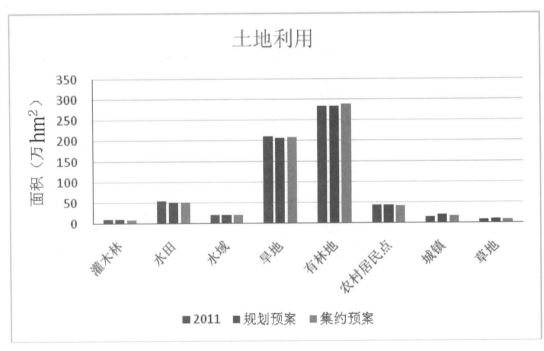

图 3.32　土地利用类型面积及变化

　　图 3.33~ 图 3.39 显示城镇建设用地在"规划预案"中的上升幅度比在"低碳预案"中上升幅度大，表明集约发展可以有效节约建设用地。由于城镇化发展导致的人口流动，农村居民点用地面积呈下降趋势，在"规划预案"中下降得更快，表明规划的城镇化速度可能比现实的要高。根据土地利用面积分析得到的土地利用碳排放在两个预案中均呈上升趋势，在"规划预案"中土地利用碳排放量比"低碳预案"中上升幅度大，变化的主要原因由建筑用地面积的变化差异决定（图 3.40）。

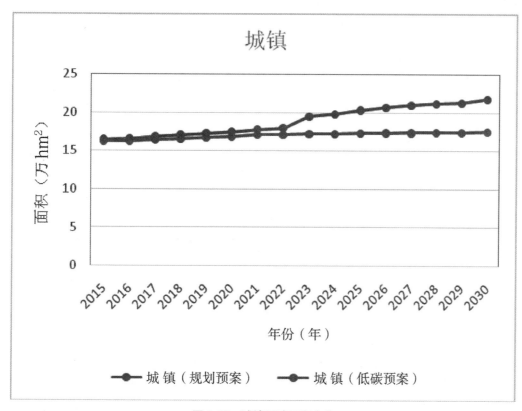

图 3.33　城镇用地面积变化

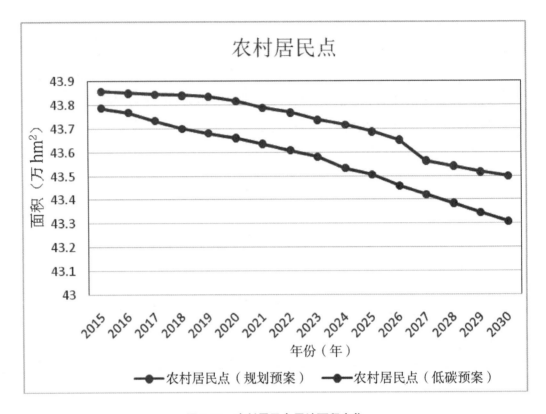

图 3.34　农村居民点用地面积变化

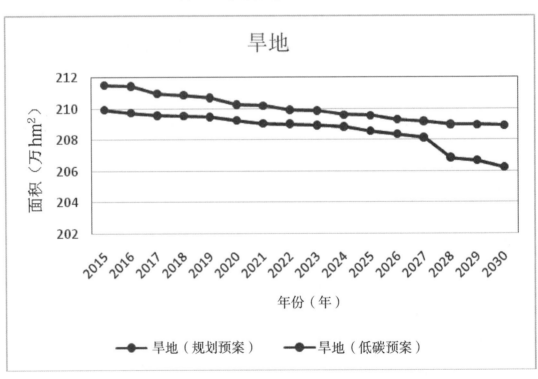

图 3.35　旱地用地面积变化

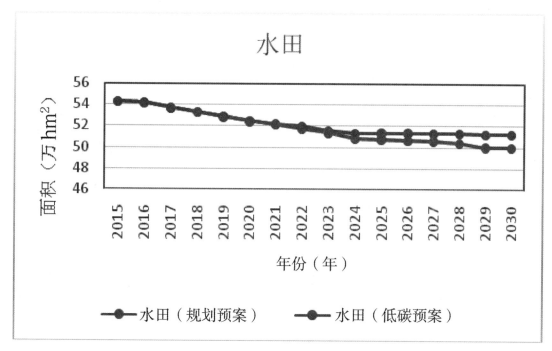

图 3.36 水田用地面积变化

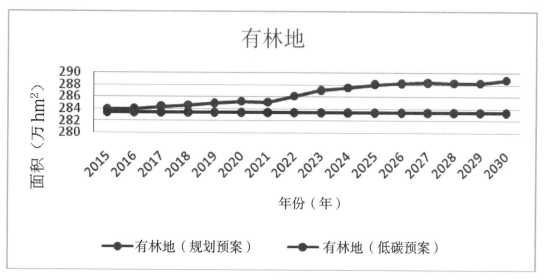

图 3.37 有林地用地面积变化

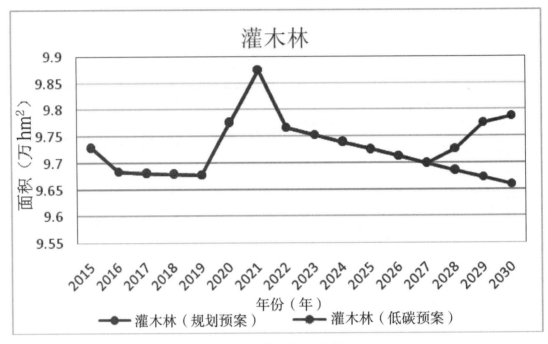

图 3.38 灌木林面积变化

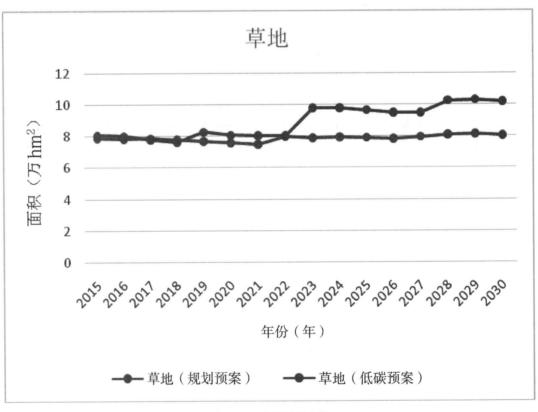

图 3.39 草地面积变化

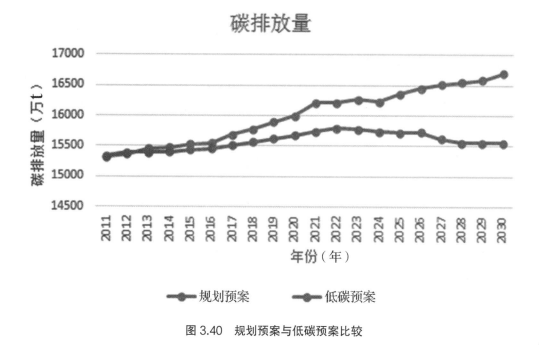

图 3.40　规划预案与低碳预案比较

辽宁中部城市群矿山的开发建设造成植被的破坏，矿渣和煤矸石等废弃物的堆放占用了大量的土地资源，如鞍山、抚顺、辽阳、调兵山等城市到处可见裸露的矿山和矿坑，大面积的矸石山，影响城市的空间布局，进而影响区域土地利用的碳排放特征。城市和其他类型用地碳排放量相对较大，而用地面积相对较小。农村居民点、水域和草地差别不大，尽管耕地和林地面积广阔，碳排放量却相对较低。在变化的土地利用方式下，由城市用地向其他类型转换的过程中，碳排放量都有不同程度的降低，除城市转变为其他用地，其他由城市转出的类型都表现为碳汇。在由耕地转出的类型中，耕地转为林地表现为碳汇的作用，耕地转为城市、农村居民点、水域和其他用地，都仍然表现为碳源，但是都远远低于没有转化的农田的碳吸收量。

3.4　小结

本章基于人口规模变化预测碳排放量和碳足迹总量，并采用 CLUE-S 模型模拟了规划和低碳发展两种预案，得到辽宁中部城市群碳源碳汇格局的演变趋势，并提出了理想状态下的分布格局。

首先，针对辽宁中部城市群碳源碳汇现状，设定了政策性规划预案与低碳预案，探讨了土地类型变化对于建筑容量及碳源碳汇空间格局变化的影响机制。结果显示城镇建设用地在"规划预案"中的上升幅度比在"低碳预案"中上升幅度大，表明集约发展可以有效节约建设用地。由于城镇化发展导致的人口流动，农村居民点用地面积呈下降趋势，在"规划预案"中下降得更快，表明规划的城镇化速度可能比现实的要高。根据土地利用面积分析得到的土地利用碳排放在两个预案中均呈上升趋势，在"规划预案"中土地利用碳排放量比"低碳预案"中上升幅度高，到 2030 年高 7.37%。变化的主要原因为建筑用地面积的变化差异。

从碳平衡角度分析，沈阳、鞍山、营口和铁岭处于碳赤字状态，沈阳赤字程度最高，千万赤字的主要原因是人口和城市规模、化石能源的大量消耗以及林地面积相对较小。抚顺、本溪和辽阳为碳盈余状态，本溪最高，其原因主要为林地面积较高，且森林质量较好。辽宁中部城市群 2014 年整体上碳排放与固碳潜力相当，略有盈余，随着城镇化不断推进，碳排放总量会越来越大，城镇的发展方式和产业结构将成为未来辽宁中部城市群能否实现低碳的关键所在，最后形成符合辽宁中部城市群空间布局和碳排放调控的调整策略。

第四章

沈阳沈北新区碳源碳汇空间规划实践

4.1 碳源碳汇空间格局构建方法
4.2 基于碳足迹的碳容量核算
4.3 基于碳足迹的碳汇核算
4.4 绿色 TOD 导向下的城市空间框架
4.5 碳源碳汇布局下城区产业空间调整方法
4.6 碳源碳汇布局下城区规划策略

4.1 碳源碳汇空间格局构建方法

4.1.1 理想生态安全格局

工业革命后的科学技术提升及经济发展模式虽极大地促进了人们生活水平的提高，却也增强了人类社会对自然生态环境的改造能力，削减了人类对自然的敬畏。城市，作为工业社会后人类活动的主要空间据点，在科技及经济的推动下，水平面与垂直面快速扩张，高楼林立，路网密集，汽车横行，不仅对自然空间进行着前所未有的侵蚀，更影响了自然生境要素，干扰了自然循环进程，破坏了生态平衡。这种忽视自然的城市扩张引发了自然对人类社会的反噬，引发了环境污染、动植物灭绝等一系列生态安全危机，阻碍了人类社会的可持续发展。

随着环境问题的持续加剧及人们环保意识的逐步提升，城市生态文明建设日益受到重视，已上升至国家战略发展的高度。在此背景下，应用景观生态学的相关理论及技术，改变过去城市与自然的对立关系，将自然生态要素纳入城市规划建设考量，构建地区生态安全格局以避免或缓解城市的生态问题，促进城市生态文明建设，是城市可持续发展的必然要求。

规划将依托景观生态学的研究，结合沈北新区的地方特性及环境问题，借助科学的定量分析过程，有针对性地识别、联系和保护沈北新区的关键生态要素及重要空间节点，整体上构建一个自持永续的生态安全格局。

（1）现状生态问题分析

①生态敏感性破坏：现状高度建成，城区生态空间破碎化。

经过 30 年的发展，沈北新区内部已高度建成，众多的生态预警区反映了保护自然和城市发展的直接冲突，生态用地正在被逐步蚕食，生态联系空间已被侵蚀殆尽，不利于整体生态格局的保护与生态功能的发挥。目前，除了基本生态控制线的底线控制，自然与城市之间缺乏一个有序和谐的发展框架作为指导以主动平衡生态与发展的矛盾。

②水质污染：河流水质污染严重，治污问题涉及流域和沈北新区自身发展。

沈北新区境内地表河流蒲河、长河和左小河的水质均为劣 V 类，污染河流主要是由于区内河流均为季节性河流，径流主要靠降水补给，因此造成径流的年内分配极不均匀，冬季结冰并在部分河段出现断流。区内河流主要流量相对集中在 6—10 月份，在枯水期的天然流量小于排入的城市污水量。3 条河流流经区内 3 个主要城镇，左小河、长河流经新城子镇，蒲河流经虎石台和道义，3 个城镇由于人口相对集中，工业比较密集，排出的生活污水及工业废水污染负荷也比较大，而且都未经任何处理直接纳入 3 条河流。此外，由于沈北新区的农业面积比例较大，不可避免地存在农业面源污染的问题，主要原因是使用污水灌溉耕地和施用化肥、农药，畜禽养殖污染和农膜污染也占有一定的比例。可以说，沈北新区的水质问题相当突出，已到非治不可的地步，应综合考虑水质问题所牵涉的流域治污、产业转型、污水处理等方方面面，在此之上，着力通过生态系统的净化修复进一步提升当地水质。

（2）低碳城市生态安全格局的目标

针对沈北新区生态资源丰富的特点，结合其生态环境、工程地质破坏水系污染有待提高等生态问题，提出与沈北新区实际情况相结合的生态安全格局目标，以实际的目标指导实际的行动。

①降低生态敏感度，保护现有资源。

生态安全格局的表征是具有丰富的生物多样性，在生态安全格局中，处于不同生态位的生物均可以获得其生存发展的空间。经过30年的粗放式开发，沈北新区的生物环境受到了不同程度的破坏，生物多样性正在降低。因此，生态安全格局构建的目标是恢复和强化沈北新区的生物多样性。通过生态修复，营造和保护生物的水平栖息地，也要对现有的水体资源进行保护和利用。

②工程建设强度在现有的生态支撑体系的框架中得以提高。

现有的工程建设主要在生态基地的适应性情况下进行，不仅对生态环境有一定的影响，还影响经济的稳固提高，在不破坏生态环境的前提下，应加大对生态基地的保护，以提高工程建设的强度。同时，降低城市的发展对自然的干扰水平，将城市发展放在生态安全的前提下考虑，将城市建设限制在地区生态安全格局的框架之中。

（3）安全格局的构建设想：搭建绿色基础设施，修复生态安全格局

规划以构建安全、健康的生态格局为目的，针对沈北新区生态格局破碎、生态环境受损、水质污染等问题，结合沈北新区现有条件及特征，努力搭建一个维护自然条件、保护现有水资源、提高工程建设强度的生态框架，最终通过绿色基础设施的搭建形成自组织的生境网络、自规避的地质安全格局、自循环的雨洪调蓄及水质净化系统。

（4）定量指标：建构生态敏感性评价指标体系

综上所述，沈北新区的生态安全格局主要由水安全格局、工程建设安全格局两部分组成。规划针对这两个方面，选择了与其相关的13个因子，运用GIS空间分析软件及AHP层次分析方法进行研究，通过综合叠加以上3部分因子，得到规划区本底的综合生态敏感性特征。

基于生境维护、水质净化、雨水循环、微气候优化、地质安全的刚性绿色框架。

更绿色的生境空间，多样化的生境环境支持物种多样化。

更清澈的水环境，强化自然做工以净化水质、调蓄雨洪。

更舒适的微气候环境，强化被动式设计以降低能耗。

更合理的地质灾害规避，划分非建设空间实现精明开发。

4.1.2 低碳生态安全格局构建策略

（1）生态敏感性分析，实现适宜发展的生态安全格局

一般来说，生态安全格局的构造主要从水系河流现状、水库保护区、生物栖息地、生态网络、河流蓝线控制范围5方面进行。借助 ArcGIS10.2 软件，将以下5项规划区生态敏感因子进行加权叠加分析得到规划区内的生态敏感性分布：

①水系河流现状图。

②水库保护区。

③生态网络分析。

④水流长度。

⑤水系缓冲范围。

分析结果表明，规划区生态区域主要由3方面组成：其一为七星山森林湿地公园的生物栖息场所、石佛寺水库，其中，水生物保护区较为敏感；其二是东部山地森林公园、怪坡风景区、洋什湖风景区；其三为辉山森林公园。

在生态敏感区域中，鉴于沈北新区水污染比较严重，需特别注意对现有河流水系与漫滩湿地的保护，以便利用其所具有的雨洪蓄滞功能构成区域中相互贯通的滞洪调节系统，共同维护区域雨洪水过程的安全格局。因此，建议恢复城市区域河流的自然形态，建立生态河岸，保留足够宽度的河漫滩等滨河空间，提升区域的防洪能力。

（2）工程适宜性分析，建构自规避的地质安全格局

规划通过高程分析、坡向分析、坡度判断、煤层分布、土壤稳定性分析、水系缓冲区6个方面对规划区的地质敏感性进行分析，对规划区内潜在的地质灾害、建设风险及开发难度进行分析与研究，力求减少因地质灾害及地质局限而带来的生命财产损失。

研究结果表明，规划区工程适宜性分布特征主要受土壤稳定性、采煤区范围、高程、坡度、坡向的影响（图 4.1~图 4.4）。由于规划区东部山区较多，受地形高程和坡度的影响，山体部分的地质综合敏感性属最敏感及较敏感级别，而中部则受采矿的影响是地质较为

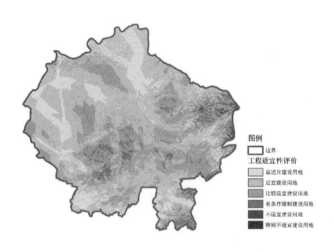

图 4.1 工程适宜性评价

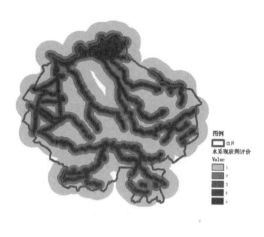

图 4.2　土壤稳定性分析和水系缓冲范围

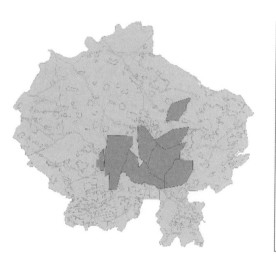
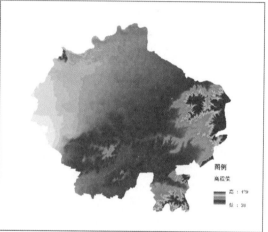

图 4.3　采煤区范围和高程分析图

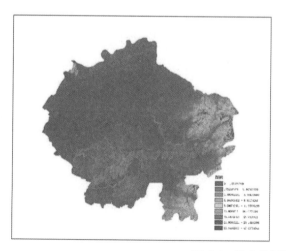
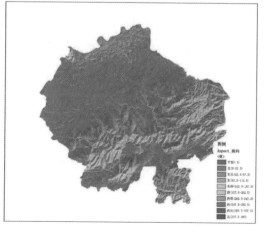

图 4.4　坡度分析图和坡向分析图

敏感的地区。

4.1.3 低碳生态安全格局

综合以上的生态敏感安全格局、地质安全格局，得到规划区内的综合生态安全格局结果。格局的具体要素、空间分布及规划开发过程中需要注意的问题如下。

（1）生态斑块

规划区的生态斑块主要分为水库、湖体等水体斑块和公园等绿地斑块。

水体斑块主要是分布在北侧和南侧的水库以及中部零星分布的水体湖面斑块。水库主要是石佛寺水库，是敏感性最强的生态区域，需要进行严格保护和开发控制。水系主要为长河、蒲河、万泉河等。城市建成区域分布的水体湖面斑块资源具有多方面的作用，不仅可以改善城市小气候环境，为市民提供休憩活动空间，还可以为鸟类等动物在城市环境下提供珍贵的自然栖息地和活动地空间，增强区域整体生态格局的完整性。

绿地斑块主要是在城市建设区域的森林湿地公园。左小河和大洋河交汇处的七星山森林湿地公园，是生态敏感性较高的区域，位于蓝线保护范围内，应结合城市用地开发形成城市湿地斑块，是区域内珍贵的湿地生态斑块资源。

（2）生态基质

规划区的生态基质主要为东侧的山体，也是生态敏感性较高的区域，需要重点保护。山体基质位于沈北新区生态控制线保护范围之内，城市开发建设较少，多被植被覆盖，动植物资源较为丰富。

（3）生态安全格局

将生态基质、生态斑块综合叠加，得到规划区的整体生态安全格局。生态基质为区域的生态骨架基底，为区域提供生态资源；生态斑块为散布在城市建设区域的服务型生态资源，直接为城市居民提供生态系统服务，比如休闲游憩活动空间、新鲜空气、接近自然的机会；同时，生态斑块为散布的城市绿色客厅，减少了城市的热岛效应。

从整体上来看，规划区的生态安全格局在城市的尺度上构建了一个更加节能、低碳的绿色空间结构。在城市尺度上实现了可持续发展目标。

4.2 基于碳足迹的碳容量核算

4.2.1 城区建设碳足迹排放源

本书参考 IPCC 国家温室气体清单列出的排放源，并采用文献综述法，将城区建设碳足迹分为建筑自身和建筑运营两部分。其中建筑自身方面根据全生命周期阶段又分为建材准备、施工、拆除 3 个阶段。表 4.1 列出了详细的城区建设碳足迹指标。

（1）建筑自身方面——建材准备阶段

建材准备阶段碳足迹包括建材生产、机械使用、建材生产制备及建材从工厂运输至建筑工地的能源消耗所产生的碳足迹。

（2）建筑自身方面——施工阶段

建筑施工阶段碳足迹包括施工中机械设备、车辆的能源消耗及建筑垃圾运输处理和废水过程产生的碳足迹。

（3）建筑自身方面——拆除阶段

建筑物在拆除中使用的机械设备、车辆的能源消耗以及在建筑垃圾运输处理过程中产生的碳足迹。

（4）建筑运营方面

城区建设和建筑运营的碳足迹包括电力、天然气等商品能源消耗产生的碳足迹以及固体废弃物运输处理及废水处理过程中产生的碳足迹。

表 4.1　城区建设碳足迹指标

相关方面	生命周期阶段	碳足迹指标	排放形式
建筑自身	建材准备阶段	建材生产、机械使用	能源使用
		建材生产制备	工业产品制备非能源使用
		建材运输	能源使用
	施工阶段	施工中机械设备、车辆使用	能源使用
		建筑垃圾运输处理、废水处理	废弃物处理、能源使用
	拆除阶段	拆除时机械设备、车辆使用	能源使用
		建筑垃圾运输处理	废弃物处理、能源使用
建筑运营	运行阶段	商品能源消耗	能源使用
		固体废弃物运输处理、废水处理	废弃物处理、能源使用

4.2.2　建筑自身碳足迹模型

（1）建材准备阶段碳足迹

建材准备阶段碳足迹包括、建材生产、机械使用、建材生产制备及建材从工厂运输至建筑工地的能源消耗所产生的碳足迹。根据建筑施工中各类建材的消耗量及各单位建材碳排放因子的大小，本文选取 5 种建材（水泥、钢、木材、砖、砂）作为主要建材计算碳排放。建材准备阶段碳足迹计算公式如下：

$$TE = \sum m_i[EF \cdot (1-\alpha \cdot ESR) + IF \cdot (1-\alpha) + L \cdot TF]$$

其中 TE：建材准备阶段碳足迹，单位为 kg/m^3。

m：为建材 i 的消耗量，单位为 kg/m^3。

EF：建材生产中因能源消耗引起的温室气体排放因子，通过文献研究并排除部分文献中异常的排放因子，得到 EF 见表 4.2。

α：建材在建筑拆除后的回收系数，见表 4.3。

ESR：建材回收后重新生产过程中的节能率，如钢材的 ESR 为 60%，表示钢材回收再利用还需要消耗 40% 的能源再生产，见表 4.3。

IF：建材生产制备时因化学变化产生的温室气体排放因子。

L：建材运输距离。根据《中国统计年鉴》我国公路货运量约占总货运量 75%，其他为铁路运输及水运，因此假定建材运输全部采用公路运输，且运输距离为 20km。

TF：公路运输排放因子，值为 1.59×10^{-4} kg/（kg·km）。

因此，我国城区建设在建材准备阶段单位建筑面积碳足迹计算结果见表 4.3。

表 4.2　建材生产能源消耗温室气体排放因子

文献	水泥	钢	木材	砖	砂
汪静	—	1.230	—	0.14	—
张又升	0.410	—	—	—	0.003
龚志起	0.880	—	—	—	—
Hui Yan	1.040	1.330	—	—	0.007
Scongwon	0.810	1.970	0.177	0.078	—
Fang You	0.400	1.320	0.177	0.078	—
均值	0.710	1.460	0.140	0.090	0.004

表 4.3　建材准备阶段碳足迹

计算系数		水泥	钢	木材	砖	砂
建材消耗量	砖混	149	25	7	375	445
（kg/m³）	钢混	246	59	8	607	417
EF（kg/kg）		—	0.710	1.460	0.140	0.090	0.004
IF（kg/kg）		—	0.333	1.059	—	—	—
TF［kg/（kg·km）］		—	1.59×10^{-4}		—	—	—
回收系数（%）		—	10	90	20	50	60
节能率（%）		—	20	60	10	100	100
TE1	砖混	148.800	20.200	1.2	28.800	14.900
［kg/（kg·km）］	钢混	245.600	46.100	1.1	29.200	2.000
建材准备阶段碳足迹（kg/m³）	砖混	—	—	213.900	—	—
	钢混	—	—	324	—	—

（2）施工阶段能源碳足迹

施工阶段能源碳足迹可使用投入产出法计算，利用我国建筑业各年份能源消耗量统计数据除以当年在建施工面积，得到单位建筑面积能源消耗量，再乘以相应排放因子，即可得出施工阶段能源碳足迹，其中，我国建筑业能源消耗及在建施工面积数据取自《中国统计年鉴》（表4.4）。

表 4.4　施工阶段能源碳足迹

年份	石油 （万 t）	煤炭 （万 t）	电力 （亿 kW·h）	施工面积 （万 m³）	施工阶段能源碳足迹 （kg/m³）
2001	1035.60	538.00	114.90	188328.70	29.05
2002	1230.60	553.50	164.10	215608.70	29.04
2003	1230.60	577.20	189.80	2593770	25.15
2004	1422.30	601.50	222.10	291939.00	25.46
2005	1502.20	603.60	233.90	352744.70	22.06
2006	1648.50	582.00	271.10	410154.40	20.72
2007	1823.10	565.30	309.00	482005.50	19.34
2008	1517.50	603.20	367.30	530518.60	16.85
2009	1942.30	635.60	421.90	588593.90	18.30
2010	3045.10	718.90	483.20	708023.50	20.97
均值					22.69

注：2001 年、2002 年石油消耗量采用线性内插法计算。

（3）施工阶段垃圾碳足迹

2005 年 3 月，我国出台了《城市建筑垃圾管理规定》，鼓励建筑垃圾综合运用，鼓励建设单位、施工单位优先采用建筑垃圾综合利用产品。但也因建筑垃圾处理成本高、操作难，且并非强制性规定，因此，我国建筑垃圾目前以填埋方式为主。

除建筑垃圾除木材外其余均为不可降解，鉴于木材的垃圾产量较少，其降解产生的碳足迹可忽略不计。因此，施工阶段垃圾碳足迹主要包括建筑垃圾从施工场地运输到垃圾处理地的能源消耗及垃圾处理时机械运作的能源消耗产生的碳足迹，计算公式如下：

$$WE = m \cdot (L \cdot TF + EF)$$

公式中，m：建筑垃圾的产量，单位为 kg。表 4.5 采用建材施工损耗比例（P）计算建筑垃圾产量 m，得到砖混结构、钢混结构单位建筑面积垃圾产量分别为 30.67 kg/m³、41.45kg/m³，符合经验数据 20~50kg/m³。

L：建筑垃圾运输距离，假设为 30km。

TF：建筑垃圾运输排放因子，值为 1.59×10^{-4} kg/（kg·km）。

EF：垃圾处理中机械运作的能源消耗排放因子，见表 4.6。

表 4.5　单位建筑面积建筑垃圾产量

计算系数		水泥	钢	木材	砖	砂
建材消耗量（kg/m³）	砖混	149.00	25.00	7.00	375.00	445.00
	钢混	246.00	59.00	8.00	607.00	417.00
β（%）	—	3.00	5.00	5.00	3.00	3.00
施工垃圾产量（kg/m³）	砖混	4.47	1.25	0.35	11.25	13.35
	钢混	7.38	2.95	0.40	18.21	12.51
合计（kg/m³）	砖混	—	—	30.67	—	—
	钢混	—	—	41.45	—	—

表 4.6　我国建筑垃圾处理能源消耗排放因子

处理方式	燃油耗量（kg/t）	电力耗量（kW·h/t）	燃油排放因子（kg/kg）	电力排放因子［kg/（kW·h）］	EF（kg/kg）
填埋	0.2300	1.2600	—	—	0.0018
堆肥	0.0039	89.3000	3.2500	0.8350	1.0746
焚烧	0.0000	794.0000	—	—	0.6630

因此得到砖混结构和钢混结构施工阶段垃圾碳足迹（WE）分别为 0.20kg/m³、0.27kg/m³。

（4）拆除阶段碳足迹

建筑物在拆除中使用的机械设备、车辆消耗的能源，以及垃圾运输处理均会产生碳足迹。拆除中机械设备、车辆能源消耗碳足迹取值 2.16kg/m³。垃圾碳足迹计算方法同施工阶段垃圾碳足迹的计算方法，拆除垃圾产量采用经验数据 1300kg/m³。因此，拆除阶段碳足迹为 10.70 kg/m³。

（5）建筑自身碳足迹合计

根据前文对各阶段碳足迹的解析，得出砖混及钢混结构建筑自身碳足迹的总和分别为 247.49kg/m³、357.66kg/m³，其中，建材准备阶段碳足迹占总碳足迹比例分别 86%、91%。在选取的 5 种建材中，水泥对碳足迹的贡献程度最大，占 70% 左右，造成此现象的主要原因是住宅中水泥的用量大、生产水泥过程中消耗的能源多且水泥的回收率较低。

因此影响计算的准确性。

（6）碳减排措施

建筑自身碳减排应重点关注规划设计和施工两个阶段的碳减排。在规划设计阶段采取减排措施可以达到事半功倍的效果。一是合理控制城区建设容积率，提高住区的绿化率以增加碳汇。二是提高现有建筑节能设计标准，例如改善维护结构性能，以期减少使用阶段消耗的能源。改善维护结构性能重点应该放在改善窗户性能，减少窗户冬季散热量及夏季吸热量。

施工阶段的减排措施主要分为三方面：一是提高建材工业生产技术，淘汰高耗能的生产工艺；加大建材工业化、标准化生产规模；二是提高建材回收利用率，既能节约能耗又能节约例如金属、砂石等自然资源的使用，实现可持续发展；三是尽量就地取材，减少运输过程的能耗。

4.2.3 建筑运营碳足迹模型

（1）能源碳足迹

消耗的能源主要包括煤炭、电力等6种商品能源，利用我国城市住宅各类能源人均年消耗量乘以相应的排放因子，即可得到运行阶段人均年能源碳足迹（表4.7）。其中，人均生活能耗量取自《中国统计年鉴》。

表 4.7　2001—2010 年我国城市住宅能源碳足迹

年份（年）	煤炭（kg）	电力（kW·h）	煤油（kg）	液化石油气（kg）	天然气（m³）	煤气（m³）	运行阶段能源碳足迹[（kg/（人·a）]
2001	66.10	126.50	0.60	6.70	3.30	9.40	274.70
2002	65.70	138.30	0.30	7.60	3.60	9.80	286.64
2003	69.90	159.70	0.30	8.60	4.00	10.20	317.22
2004	75.40	184.00	0.20	10.40	5.20	10.70	356.85
2005	77.00	221.30	0.20	10.20	6.10	11.10	392.82
2006	76.60	255.60	0.20	11.10	7.80	12.70	428.45
2007	74.10	308.30	0.10	12.40	10.90	14.10	479.13
2008	69.10	331.90	0.10	11.00	12.80	13.90	488.43
2009	68.50	365.90	0.10	11.20	13.30	12.50	516.28
2010	68.50	383.10	0.10	10.90	17.00	14.50	539.29
均值	141.47	206.63	0.68	31.73	18.31	9.16	407.98

（2）固体废弃物碳足迹

固体废弃物碳足迹包括三部分：第一部分是生活垃圾从住区运输到垃圾处理地的能源消耗，简称运输碳足迹；第二部分是垃圾处理时机械的能源消耗，简称机械碳足迹；第三部分即因垃圾处理过程中存机碳分解或化石碳燃烧引起的碳足迹，简称处理碳足迹。因此，运行阶段固体废弃物碳足迹计算公式如下：

$$WE = m \cdot L \cdot TF + m \cdot EF + FE$$

其中，m：城市住区人均年生活垃圾处理量，来自国家统计局公布的环境统计数据。

L、TF 及 EF 同施工阶段垃圾碳足迹相应数据。

FE：运行阶段固体废弃物第 3 部分的碳足迹，即处理碳足迹，见表4.8。

第一、二部分的碳足迹计算见表4.8。

表 4.8　2001—2010 年我国固体废弃物处理碳足迹

年份（年）	人均填埋及未处理（kg/a）	人均生物处理（kg/a）		人均焚烧（kg/a）			人均处理碳足迹（kg/a）
		CH_4	NO_2	CO_2	CH_4	NO_2	
2001	0.00	5.75E-02	4.31E-03	1.81	8.82E-07	2.21E-04	4.56
2002	0.40	5.61E-02	4.21E-03	2.38	1.16E-06	2.90E-04	15.08
2003	0.79	5.48E-02	4.11E-03	2.90	1.41E-06	3.53E-04	25.31
2004	1.16	5.38E-02	4.04E-03	3.39	1.65E-06	4.14E-04	35.02
2005	1.52	2.46E-02	1.84E-03	5.78	2.81E-06	7.04E-04	45.13
2006	1.82	1.98E-02	1.48E-03	8.01	3.90E-06	9.76E-04	55.46
2007	2.13	1.65E-02	1..24E-03	9.72	4.73E-06	1.18E-03	64.08
2008	2.40	1.12E-02	8.37E-04	10.33	5.03E-06	1.26E-03	71.22
2009	2.68	1.11E-02	8.31E-04	12.87	6.27E-06	1.57E-03	80.84
2010	2.93	1.08E-02	8.10E-04	14.20	6.92E-06	1.73E-03	88.84
				均值			48.52

（3）废水碳足迹

废水处理碳足迹包括直接碳足迹、间接碳足迹（表 4.9、表 4.10）。直接碳足迹是指废水中的有机碳或氮成分分解释放 CO_2，间接碳足迹是指废水处理厂运行时，机械设备消耗的能源引起的碳足迹。废水处理间接碳足迹的计算公式如下：

$$CO_2 = W \cdot Se \cdot EF$$

其中，W：年废水处理量。

Se：废水处理中的能耗，一般取 0.2~0.4kW·h/t 废水。

EF：电能排放因子。

表 4.9　2001—2010 年我国废水处理直接碳足迹

年份（年）	人均 COD 排放量（kg/a）	人均 CH_4 排放量（kg/a）	水生环境人均氨氮排放量（kg/a）	人均 N_2O 排放量（kg/a）	人均间接碳足迹（kg/a）
2001	16.62	2.08	1.46	9.44E-03	54.68
2002	15.59	1.95	1.34	8.68E-03	51.23
2003	15.68	1.96	1.15	7.46E-03	51.15
2004	15.28	1.91	1.05	7.46E-03	51.15
2005	15.29	1.91	0.97	6.29E-03	49.60
2006	15.21	1.90	0.95	6.17E-03	49.32
2007	14.36	1.80	0.83	5.34E-03	46.42
2008	13.83	1.73	0.66	4.30E-03	44.46
2009	12.99	1.62	0.54	3.51E-03	41.60
2010	11.99	1.50	0.38	2.44E-03	38.18

表 4.10 2001—2010 年我国废水处理间接碳足迹

年份 （年）	生活污水排放量 （万 t）	城市污水处理率 （万 t）	人均城市污水处理量 （t）	人均间接碳足迹 （kg/a）
2001	2277000	18.50	8.76	2.20
2002	2323000	22.30	10.32	2.58
2003	2470115	25.80	15.23	3.82
2004	2612669	32.30	18.00	4.51
2005	2813968	37.40	21.93	5.49
2006	2966341	43.80	22.29	5.58
2007	3102001	49.10	25.12	6.29
2008	3300290	57.40	30.36	7.60
2009	3547021	63.30	34.80	8.72
2010	3797830	72.90	41.34	10.35

（4）建筑运营碳足迹合计

我国城区建设建筑运营碳足迹呈逐年递增趋势，且其中因居民日常能源消耗产生的碳足迹占所有碳足迹的 80% 左右，能源中煤炭及电力碳足迹之和占全部碳足迹的 85% 左右。可见今后要将碳减排的重点放在煤炭及电力消耗上。

4.2.4 结果分析

本书所做的预测分析都是假定建筑相关碳足迹不随时间变化而变化，取砖混结构和钢泥结构的均值，认为住宅全生命周期为 50 年，人均建筑面积为 30m³，可将建筑相关全生命周期单位面积碳足迹转化为人均年碳足迹（表 4.11）。

表 4.11 我国城区建筑碳足迹汇总

分类	城市（kg）	乡村（kg）	合计（kg）
建筑自身阶段	243641711.66	393213893.9	636855605.56
建筑运营阶段	349310627422.93	452168781653.68	796079409076.61
合计	344154269134.59	452561995547.58	796716264682.17

4.3 基于碳足迹的碳汇核算

4.3.1 沈北新区森林固碳速率和潜力

（1）森林碳储量

根据 LANDIS 模拟得出了沈北新区 2015 年的森林碳密度分布，总体来看，沈北新区的森林碳密度呈现东部、东南部最高，西部、北部较少的分布趋势（图 4.5）。沈北新区最高的碳密度是 48.60t/hm², 平均碳密度为 44.94t/hm², 沈北新区总的森林碳储量为 4.83×10^4t。

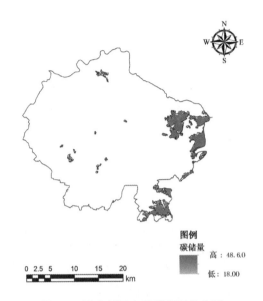

图 4.5　沈北新区森林碳储量分布图

（2）森林固碳速率

从整个研究区的区域尺度分析，沈北新区的森林固碳速率总体呈现东部和南部最高，北部和中南部最低的趋势（图 4.6）。沈北新区的固碳速率最高值为 0.243t/（hm²·a），而沈北新区森林区域的平均固碳速率为 0.217t/（hm²·a）。

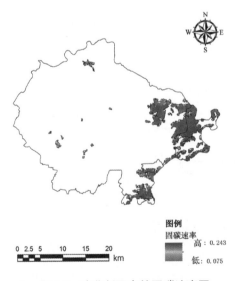

图 4.6　沈北新区森林固碳速率图

（3）森林固碳潜力

区域尺度上，沈北新区的森林植被固碳潜力在总体上呈现出北部和南部高，东部低的趋势（图 4.7）。整个研究区区域尺度上最大的森林单位面积固碳潜力约为 39.37 t/hm²，而区域平均单位面积固碳潜力为 18.20t/hm²，区域总的固碳潜力为 1.96×10^4t。

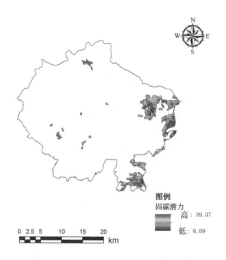

图 4.7　沈北新区森林固碳潜力图

4.3.2　沈北新区农田固碳速率和潜力

（1）农田碳储量

通过遥感反演，我们得到了沈北新区 2015 年的农田碳密度分布，总体来看，沈北新区的农田碳密度呈现西部和东部最高，南部和北部较少的分布趋势（图 4.8）。沈北新区农田的最高碳密度是 42.75t/hm²，平均碳储量为 15.67t/hm²，沈北新区总的农田碳储量为 1.80×10^5t。

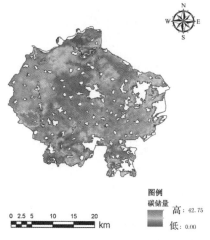

图 4.8　沈北新区农田碳储量分布图

（2）农田固碳速率

从整个研究区的区域尺度分析，沈北新区的农田固碳速率总体呈现西部最高，北部和南部最低的趋势（图4.9）。农田的固碳速率最高值为 0.112t/（hm^2·a），而沈北新区农田区域的平均固碳速率为 0.083t/（hm^2·a）。

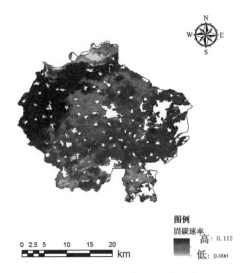

图 4.9　沈北新区农田固碳速率图

（3）农田固碳潜力

区域尺度上，沈北新区的农田固碳潜力总体上呈现出北部和南部高，中部低的趋势（图4.10）。整个研究区区域尺度上最大的农田单位面积固碳潜力约为 26.73t/hm^2，而区域平均单位面积固碳潜力为 12.90t/hm^2，区域总的固碳潜力为 1.45×10^5t。

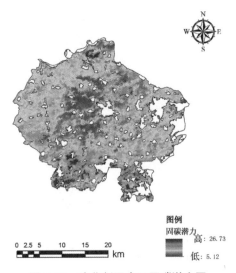

图 4.10　沈北新区农田固碳潜力图

4.3.3 沈北新区固碳速率和潜力分析

（1）碳储量

沈北新区的碳储量分布如图4.11所示，总体呈现西部、北部农田区域碳储量较低，东部、南部森林区域碳储量较高的趋势，最高碳密度为48.60t/hm^2。沈北新区的平均碳密度为18.21t/hm^2，总的碳储量为2.31×10^{5}t。

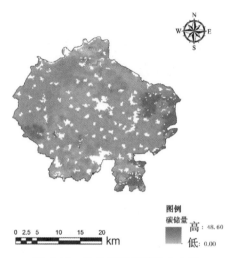

图 4.11   沈北新区碳储量分布图

（2）固碳速率

从整个研究区的区域尺度分析，沈北新区的固碳速率总体呈现西部、北部低，东部、南部高的趋势（图4.12）。固碳速率最高值为0.239t/（hm^2·a），而沈北新区的平均固碳速率为0.094t/（hm^2·a）。

图 4.12   沈北新区固碳速率图

（3）固碳潜力

沈北新区的固碳潜力总体呈现中部低，东部、南部高的趋势（图4.13）。整个研究区区域尺度上最大的单位面积固碳潜力约为39.373t/hm²，而区域平均单位面积固碳潜力为13.370t/hm²，区域总的固碳潜力为1.69×10⁵t。

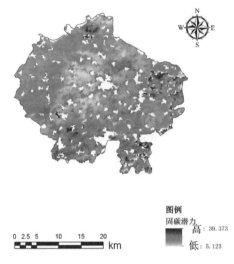

图4.13 沈北新区固碳潜力图

4.4 绿色 TOD 导向下的城市空间框架

4.4.1 大区域绿色 TOD 的构架与协调

Transit Oriented Development（TOD）是一种基于土地利益的交通战略开发模式，通过公共交通和用地一体化发展，有效促进城市格局转变和提高整体效率，不仅可以解决城市交通问题，还可以以此为基础，形成紧凑型的网络化城市空间形态，避免城市摊大饼式地蔓延，最终使城市和乡村建立起一种共生、共融的关系（图4.14）。高速铁路的快速发展对沿线地区经济发展起到了推进和均衡作用，同时节约能源并减少环境污染。

高铁站点建设的重要性不仅体现在交通设施本身上，还体现在站点对城市经济发展的带动作用，

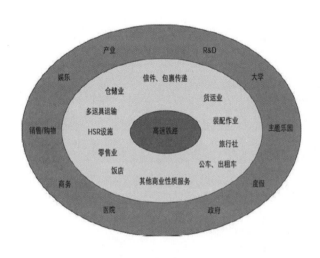

图4.14 TOD 构架示意图

以及对站点周边地区的规划与开发的影响方面。

结合新沈阳北站的建设，发展形成一个融合金融商贸、休闲娱乐、商务办公区域性中心，甚至是 CBD。

利用 TOD 模式的交通系统与土地利用互动，研究高速铁路等公共交通导向的站点绿色综合开发利用，可使城市从依靠小汽车低密度蔓延的发展模式转变为以公共交通走廊为发展轴、公共交通站点为节点的布局方式。

依据 TOD 理论，高铁站点周边地区应以综合交通枢纽为核心，混合各种功能，呈圈层布局结构开发。将高铁站的影响区域划分为：核心区，布置与交通枢纽关联度最高的餐饮、交通、贸易、宾馆、办公等城市服务产业，服务半径 800m 以内；影响区，以商业和办公为主导的混合功能区，服务半径 800~1500m；外围影响区，服务半径 1500m 以外，与交通枢纽地区功能协调的正常城市区。

4.4.2 以公共交通为导向的土地利用与功能空间布局

结合地铁、轻轨站点实现功能的集约；结合公交站点实现城市功能的扩散。通过二者的配合优化城市结构，提高土地利用效率。

集约效应：结合地铁、轻轨站点汇集人流的特点，将城市功能尽量集中于此，减少居民的出行需求，通过地铁、轻轨线路所连接的城市各级中心，使站点附近居民交通需求定向化，以达到功能集约的目的。

扩散效应：由于轨道交通的便达性会使城市公共功能与人流向轨道交通站点集约，但是由于土地开发强度的限制，居民居住不可能都集中在地铁站周围，因此要通过公交将居住区与轨道交通站点连接起来，以达到功能扩散的目的。

依据公共交通站点的性质及其人流量的大小将站点进行分级，一般来说，城市轨道交通站点，可以分为综合枢纽站、市域中心站、交通接驳站、一般站等，站点分级后明确与之相匹配的站点辐射范围，并从功能混合、开发强度、交通接驳及宜步空间等方面的设置确定不同等级的 TOD 单元的空间开发模式。

（1）TOD 导向的城市级中心

城市级 TOD 中心围绕人流量较大、辐射能力较强的轨道站点进行设置，以核心辐射半径 800m 为标准界定中心开发范围，并对其功能混合、开发强度、接驳系统、人流疏散及步行空间进行重点设计。沈北新区以地铁二号线北延线蒲河大道站、沈阳新北站为核心，通过以下布局形成 TOD 导向的城市级中心。

①多元混合的用地功能：城市级 TOD 单元在圈层式功能布局的基础上，功能强调更多元、更混合。主要体现为地块立体上的混合及平面复合两种模式。立体混合强调地块内的多样化功能，针对服务功能地块，主要是混合商业、休闲娱乐、办公、居住空间。

②公寓、酒店等功能：针对研发办公功能地块，主要是混合新型产业、商业服务、商务功能等功能。平面复合强调不同主导功能的地块在一定范围内积聚，从而在短距离内满足人的不同需求，增加生活、生产的便利性，规划提出大型城市绿地（面积大于 1hm²）需要结合城际铁路坪地站及环城路站布置，但由于紧邻站点的高地价，因此规划大型城市绿地在站点周边约 400m 范围内进行布置。

③圈层式的功能结构：依据不同功能的空间需求，以轨道站点为核心，以辐射半径 800m 为范围，形成圈层式的功能结构布局，于内圈层布置商业服务业混合用地，于中圈层设置新型产业及服务业混合用地，于外圈层发展产业及居住用地，并结合生态隔离需求，在适当位置布设大型城市绿地。

④土地开发强度梯度变化：依据 TOD 土地开发的经典模型，由于轨道站点地区土地溢价自站点向外围地区逐渐的梯度变化。相关学者曾经对轨道站点周边 500m 范围内的居住物业及办公物业的价值增幅进行过研究，研究表明，住宅物业及办公物业的增值变化将会随着与轨道站点的距离增大而逐渐下降，意味着距离地铁站点越远，土地溢价越少。可以说，轨道站点高密度、高强度开发，与轨道大容量乘客运送能力是相辅相成的。因此 TOD 单元的土地开发强度呈现由轨道站点向外逐渐降低的变化。

⑤便捷换乘的接驳系统：针对该站点的换乘需求，公交干线与站点相互衔接，公交站点与轨道站点邻近布置，公交支线在内圈层外穿梭，同时紧邻轨道站点 100m 范围内设置 P+R 停车场（私家车停车场），通过多样化的交通接驳，方便乘客转乘公交干线、进行骑行或自行驾车离开，实现轨道交通与其他交通的顺利接驳，真正发挥轨道带来的便捷效应。

⑥人性化的人流疏散设计：针对沈阳地铁二号线 + 北延线、沈北轻轨蒲河大道站站点人流量大的特征，强调人性化的流线设计。强调站点与周边地块的水平交通联系，鼓励通过地下走廊的立体换乘形式连接沈阳地铁二号线北延线、沈北轻轨；同时人性化设置垂直交通，降低垂直交通对出行带来的不便。

⑦宜步空间的营造：为增强步行的舒适性，规划对站点周围的路网进行适度加密，保证站点核心圈层的路网保持在 80~100m 之间的间隔，路网密度也是随距站点距离的增加而降低。

（2）TOD 导向的片区级中心

片区级中心围绕中等人流量、中等辐射能力的地铁站点进行设置，以轨道站点为核心，以辐射半径 500m 为范围界定片区级 TOD 中心，并对其功能混合、开发强度、接驳系统及步行空间进行重点设计。沈北新区以教育路站、富坪街站为核心，通过以下的布局形成 TOD 导向的片区级中心。

①中心功能混合：依据不同功能的空间需求，在站点附近布置商业服务业混合用地、

商住混合用地、居住用地，强调站点周边用地功能的混合，并在适当位置布置城市绿地、广场。

②增加站点周边地块开发强度：依据 TOD 经典模型，紧邻轨道站点进行高强度开发，形成强度和密度向外逐渐降低的形态。

③便捷的 B+R 及公交换乘系统：结合站点设置 B+R 停车场（自行车停车场）及公交枢纽站点，公交干线与站点相互衔接，公交支线在外围穿行。实现轨道与公交、轨道与自行车的良好转换。

④宜步空间的营造：为增强步行的舒适性，规划对站点周围的路网进行适度密化，围绕站点形成慢行网络；并将带状公园置于交通干道之间，从而提高带状公园的使用效率，营造一个更为舒适的步行空间

（3）TOD 导向的社区级中心

社区级中心围绕有轨电车站点及大型公交站点进行设置，以站点为核心，以辐射半径 300m 界定社区级中心的开发范围。主要是通过中心设置商业服务及公共服务功能、结合社区商业及公共服务设置体育休闲设施以及步行接驳系统。深圳国际低碳城主要以有轨电车站点为核心，通过以下的布局形成 TOD 导向的社区级中心。

①中心设置商业服务设施及社区公共服务设施：围绕站点布置社区级的商业服务设施及公共服务设施，鼓励以用地功能混合的模式实现商业服务、社区服务及生活、生产功能的兼容，商业公共服务设施可进行沿街化处理。

②结合社区级的商业及公共服务中心设置体育休闲文化设施：中心同时布局体育休闲、文化休闲以及公园绿地等功能，结合社区商业及公共服务中心设置市民休闲广场。

③步行接驳系统：围绕站点形成以骑行、步行为主的慢行网络，实现站点与慢行交通无缝衔接，在此之上，实现有轨电车站与公交站点相互衔接，实现便捷换乘。

4.4.3 依托轨道交通，建立可持续的组团式空间布局，加强支路微循环建设

轨道交通与组团间的影响关系，组团内部的道路网高效利用。

根据沈阳市城市快速轨道交通建设规划（2009—2020），地铁二号线北延线长度为 10km，地下敷设，起于地铁二号线一期松山路站，沿黄河北大街向北，下穿三环高速和于虎铁路联络线后沿道义南大街向北，下穿南小河后拐向东北，下穿蒲河后进入规划学子街至终点进步村停车场；地铁四号线地下 + 高架，线路主要沿北站路、北大营街、203 国道敷设。沿线主要经过沈阳北站等重要交通枢纽，砂山、望花、虎石台、蒲河岛等居住区，沈阳大学、浑南产业区、欧盟工业区等科教产业区。

同时，沈铁、沈康城际铁路连接了新城子镇、兴隆台锡伯族镇。

对于沈北新区内部，轨道交通起着充实城市组团内核，联系城市组团间的互动，完善

城市组团结构等作用。沈北新区形成了以功能分区为分割的初步城市组团形式，在此基础上，规划依托轨道交通的站点布局，围绕地铁及有轨电车站点，在形成的大组团下划定城市发展的组团中心，形成以轨道交通站点为组团核心，以轨道交通线路为组团串联，以生态廊道为分割的绿色组团布局，既维护了大的生态安全格局，又带动了组团间的公共交通出行，在生态与交通双重层面下建立可持续的组团式空间布局。

支路网微循环建设：

①目标。

a. 降低车辆行驶的速度，确保社区人员安全。

b. 减少交通事故的频率和严重程度。

c. 增加非机动车出行者的安全感。

d. 减少交通管理所需的人力、物力。

e. 增强街道的归属感。

f. 增加所有交通方式的可达性（特别强调障碍人士的可达性）。

g. 减少穿越社区的过境交通。

②措施。

a. 社区路网规划必须考虑提高综合的生活环境质量而不是简单的交通效率。

b. 在社区路网规划中，社区居民应该能够充分表达自己的喜好和要求。

c. 要把街道的安全性和对公众的吸引力作为评价路网规划的重要指标。

d. 减少机动车带来的尾气排放、振动和噪声等污染。

e. 社区路网规划应该能促进非机动化交通方式。

4.4.4 提供便捷、高效、多样化的公交服务体系，引导居民绿色出行

国际上成功的 TOD 案例表明，高度的公共交通覆盖率是 TOD 模式成功的关键，单从轨道交通站点的覆盖范围及轨道交通线路的覆盖范围估算来看，轨道交通大体可以覆盖主建成区不足 10% 的面积，距离 TOD 所要求的高覆盖率还有很大差距。同时，地铁更多地是针对区域层面的外部交通，对沈北地区内部的出行需求支持不足，两条轻轨线一条为观光线路，主城区只有一条，不足以支撑起沈北的 TOD 体系，因而需要别的公共交通方式增强沈北的公交覆盖率及满足地区内部的出行需求。鉴于此，规划从公共交通覆盖率及居民出行需求两方面出发，针对不同线路的运量要求，提供集有轨电车、公共汽车及自行车出行于一体的复合型绿色出行体系，以多样化、便捷的公共交通服务，引导市民绿色出行（图 4.15）。

（1）有轨电车系统，满足组团间中运量交通需求

有轨电车因其节能便捷、运量较大的优点在欧洲等国家中结构紧凑的城市广受欢

迎。据相关学者研究，有轨电车在最大客流需求为单方向高峰小时断面客流量 15000 人 /h，常规客流量 3000~10000 人 /h 的环境下与 BRT 及常规公交线路等交通方式相比更具优势，更能达到最大效益。由于沈北新区只有连通南北的地铁二号线、四号线，轻轨一号线填补了东西的空白，增强了地区内部组团之间的互动。

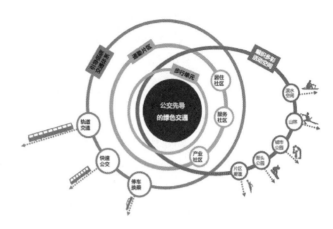

图 4.15　低碳出行示意图

（2）以公交为补充，构建全覆盖的公交系统

有轨电车虽然能够连接东西交通，但是还无法满足沈北地区内部的出行需求，因此需要更加灵活多变、线路可达性强的公共交通方式——公交，规划以公共交通站点建成区全覆盖为目标，在无特殊条件限制下，按 300m 为半径的标准进行公共交通站点布设。在现有的 30 条公交线路的基础上，新增一条新沈阳北站——辉山的公交线，经过时空东路、蒲田路、大望街、蒲南路，以此来填补城区北部公交服务的不足。

（3）以 B+R 为导向，构建贯通全域的绿道系统

基于人们对绿色出行的需要，规划以 B+R 系统为导向，通过在公交站点布置自行车停车设施及布设舒适便捷的绿道网来鼓励人们以骑行或步行的方式接驳公交，到达最终目的地，完善公交网络的覆盖性。

同时，针对特定市民所有的绿色通勤偏好及锻炼性出行需求，规划设定了通勤自行车网、通勤步行网、休闲自行车网及休闲步行网等慢行网络满足市民的个性化出行需求。

通勤自行车网沿城市道路分布，以城市生活性干道及城市次干道为自行车主廊道，其他城市道路为连通道，并在大部分自行车道上实施实体分离，避免机动车、行人及自行车的相互干扰，满足市民绿色通勤的需要。

通勤步行网则分为片区主通道及街区步行路两级，片区主通道连接城市主要公共活动中心、步行密集区域、自然景观资源和居住密集区域，汇集各类步行交通，并承担步行与公共交通系统的接驳，而街区步行路则更多地是连接都市生活步行区域内各建设用地，将行人导向片区主通道。

4.4.5 构建立体、多元的区域绿道系统，形成多样化的低碳服务路径

"绿道"理念来源于欧美发达国家，并成功地运用在美国、英国、法国、日本、新加坡等世界著名城市的规划建设实践当中。随着全球城镇化进程的快速发展，城市生态环境恶化、环境污染严重、温室效应加剧等一系列的"城市病"成为人们共同关注的焦点，人们在"水泥森林"一般的城市中生活，渴望拥有更绿色健康的出行环境，拥有更多的绿色

空间和接近自然的机会。

（1）绿色出行的优点

绿色出行可以减少 CO_2 排放，减少私家轿车的使用可以降低城市空气污染。许多城市机动车尾气已经成为大气污染的首要来源。数以万计的机动车，日复一日地污染着我们赖以生存的空气，越来越多的城市人充当着"吸尘器"。

绿色出行可以改善交通，节省占路面积，减少交通堵塞，并且能有效地减少能源和资源的消耗和浪费。我国公路建设用地占用大量土地资源，停车场作业占据了城市的宝贵地段；洗车浪费大量水资源；因结构和技术等因素影响，单车能源、资源消耗过高，造成巨大浪费。

沈北新区绿道现状：

目前，沈北新区构建了以中央绿地为中心，以蒲河、万泉河、长河、左小河、九龙河为轴带，以东部山地森林公园、七星山森林公园、石佛寺水库、辉山森林公园等为节点，以广大的农田、林网为基地的"大生态、大景观"的城乡绿化网络。然而节点分布较为分散，市内绿地没有得到很好的利用，现通过绿道将其整合，形成一个较为完整的系统，有利于为居民提供接近自然的机会和游憩活动空间，并且可以对自然和文化遗产的保护起到促进作用。虽然沈北新区农田产业较为发达，但是现阶段并没有将其好好利用，而是将农田与周围都市分离，没有将它们结合在一起，现可以通过绿道系统有效地发展农业产业，这样不仅可以让居民有更多亲近大自然的机会，而且也可以为农业产业创造更好的经济效益。

（2）绿道的空间布局

沈北新区总体规划构建了南北贯通、西联东拓的空间发展轴格局。绿道网串联森林公园、自然保护区、农业区、街头绿地、河流、滨水绿带和林区，给市民带来了一个便捷、安全的休闲生态网络，以实现绿道环保、运动、休闲、旅游等多功能融合。

在城区内沿主道路及部分支路设置绿道，适当增加道路两边绿化面积，改善社区道路和区域自行车通道的通行条件，让居民在繁杂的城市中可以充分地感受到绿色的气息，为城市居民的步行、自行车出行创造良好的通行氛围，这样有利于市民绿色出行。

（3）沈北新区绿道功能作用

沈北新区绿道具有两个主要功能：一是通过串联区域中不同类型的资源要素，构筑网络型的城市开敞空间，弥补城市绿地系统规划中城市开敞空间不足的问题。引导居民在休闲时间向都市外进行休闲游憩等活动。二是作为城市中的线性绿色出行空间，承担部分城市公共交通的功能，例如城市步行系统、城市自行车通行网络等。

城市绿道作为城市、街道公共空间的活动轴带，有利于提升城市居民出行环境质量，提高出行效率及满意度。例如，广州的绿道网建设坚持"三结合七接驳"：即绿道建设要与完善城市道路网络、城市公共自行车服务系统、市区步行系统相结合，与地铁站、公交站、BRT 站、商业中心、公共场所、居民小区、办公区域等实现接驳。同时，绿道网与铁路、空港、轨道枢纽便利接驳，并实现 40 分钟内步行可达。

4.5 碳源碳汇布局下城区产业空间调整方法

4.5.1 产业区化石能源碳足迹核算

影响沈北新区产业碳平衡的因素主要包括建筑碳排放和植被碳汇。沈北新区的现状产业主要包括工业、农业及其配套服务业和旅游业等。对产业的碳排放与碳汇机制进行分析，可以发现：工业的碳排放机制主要是在工业生产过程中消耗一次能源、电力能源等间接产生 CO_2；农业中的碳汇主要来自林业用地和耕地，其碳汇机制主要是植被碳汇；配套服务业的碳排放主要来自商业、文化娱乐、商务办公、教育科研等用地，其碳排放机制主要是相关建筑在建设和使用过程中消耗电力能源间接产生 CO_2；旅游业的碳排放主要来自度假居住、游乐等用地，其碳排放机制主要是相关建筑在建设和使用过程中消耗电能间接产生 CO_2。

按照碳容量核算方法，对现状产业的碳排放与碳汇量进行粗略计算，结果见表 4.12。

表 4.12　沈北新区现状产业用地类型、规模与年碳排放量 / 碳汇量

产业用地类型	用地规模（hm^2）	年碳排放量 / 碳汇量（万 t）
旅游度假用地	146.70	0.20
商业用地	41.10	0.06
商务办公用地	59.90	0.12
文化娱乐用地	38.80	0.04
二类工业	84.90	0.82（估）
三类工业	3.40	0.99（估）
林地	2356.90	−8.54
耕地	22182.20	−8.54
总计	24913.90	−6.95

图 4.16　沈北新区产业碳排放强度分布图

通过 GIS 分析，可知沈北新区产业碳排放强度分布情况（图 4.16）

4.5.2　产业空间布局

（1）产业层次空间适配性分析

从产业层次的角度来看，在空间层面上，服务层次、研发层次及制造层次对交通、用地、生态环境及基础设施等方面的要求均有差异。

①交通需求。

制造业往往偏好于与外界联系通畅，方便大型车辆、大运量交通进出，具有良好货运条件的区位。相反，以人的流动为主的服务业则更为偏好良好的客运环境。而研发业则要求兼有较强的货运和客运能力，要求其既方便货车出入，又便利人的出行。

②用地需求。

需要容纳大型机械及大量劳动力的制造业往往需要大面积的平整地块。而人数较少、设备较为微型的服务业只需面积较小的办公楼即可满足。研发产业则介于两者之间，需要一定空间去容纳研发中试活动，同时也需要一定的办公会议空间。

③生态环境要求。

制造业对环境有较高的规避要求，要求远离城市中心区，要求以防护绿化带进行分隔。研发产业则对环境质量有较高的要求，部分研发部门对空气质量有十分严格的要求，因而通常布局在生态优美的地区。而对于服务业来说，鉴于其以人的流动为特点，需布置在有一定人流但景观环境优美的地区。

④基础设施的要求。

制造业更为侧重对道路基础设施、发电设施、污水处理设施等方面的要求。研发业则更为注重科研基地、高等院校及通信网络设备的完善性。而服务业则对商业配套设施、网络通信设施有较高的要求。

（2）产业层次的空间布局

综合以上产业层次空间适配性分析，规划依据不同产业层次的不同空间需求，应用GIS软件将交通要求、用地需求、环境要求及基础设施要求等方面进行量化叠加处理，最终分别得到服务层次、研发层次及制造层次的空间适宜性分布，其在空间上的特征表现为服务层次、研发层次及制造层次由中心到边缘圈层式布局。

4.5.3　产业体系支撑配套设施调整

（1）多层次的生产性服务供给

低碳城产业的空间布局是未来发展的终极蓝图和目标，在明确产业空间布局的基础上，如何引导低碳产业从无到有的形成，开创性地实现低碳人才的快速集聚是规划需要重点解决的问题。

规划以产城融合为理念，核心是关注3个层次的"企业和人"，强调生产空间与生活空间的相融，并围绕不同产业所需的生产性服务需求及生活性服务需求进行考虑，对制造、研发及服务等产业集群进行差异化、弹性生产、生活服务配给，形成多层次的产业服务配套及多样化的生活配套设施，实现聚人聚产双驱动，为产业发展提供良好的培育及发展环境，为人的工作与居住提供舒适便利的空间。

（2）多样性的生活配套设施供给

①住宅供给：建设适宜不同收入群体和境内外人员居住创业的居住配套设施。

②设施供给：以目标人群多元需求为导向，建设吸引人才根植的公共配套设施。

4.5.4　多样化的低碳产业社区单元的划分及实现

在明确产业层次的空间布局以及不同层次产业的生产生活需求的基础上，如何引导空间资源实现这些要素在空间上的有效落实是规划研究空间资源配置上重点考虑的内容。

规划以满足"企业和人"的分层次、多样化需求为目标，认为应该摒弃过去单纯地划分产业园区的做法，而应以产城融合为手段，以产业社区单元为产城融合的核心载体，适应低碳产业发展需求界定产业社区单元的主导产业层次、用地功能配比及兼容性、路网结构、提供动态有针对性的生产服务及生活服务供给，实现"产业园区"向"产业社区"的转变。

规划依据制造、研发及服务 3 个产业层次，划定制造单元、研发单元及服务单元 3 种生产与生活空间相结合的产业社区单元，综合以上产业空间布局分析、产业生产性服务需求分析及产业人群生活性服务需求分析，参考国内外相关案例，落实具体单元的空间配置方案。

4.6 碳源碳汇布局下城区规划策略

4.6.1 低碳空间的营造及主题活动的策划

图 4.17 沈北新区生态布局图

图 4.18 沈北新区生态节点

（1）规划整体环境

沈北新区着力提升生态环境建设水平，继续高标准做好"山""水""园""林""路"5 篇文章，重点实施了引辽入蒲、蒲河文化绿岸、七星山生态修复、辽河生态湿地等一系列生态工程建设，初步形成了绿满城乡、绿脉纵横、城在园中、园在城中的优美景观体系（图 4.17）。同时，沈北新区还积极推动生态居住产业健康发展。按照"一河、两岸、沿河居住、组团分布"的格局，强化生态居住产业的商业配套和公共服务设施配套，进一步增强吸引力，聚集人气，形成商圈，打造沈阳经济区环境最优的生态居住区（图 4.18）。

结合生态需求及居民需要以及绿地系统的分布状况，以点、线、面的形式分别来阐述各类用地的作用。

①塑造细节特点——点。

沈北的点的绿地分布主要由中心绿地和邻里公园所构成，提供居民日常生活所需的游憩空间环境。其中，位于交通便捷的中心公园，除了大量的绿地来释放纯氧净化空气外，周边的文化娱乐设施，也为更多的居民提供多样性服务，它将在城市发展过程中起到催化剂的作用，提高比邻地区的地价。邻里公园不仅提供居民日常的生活空间，而且对邻里文化的延续和发展有促进作用。

②河景绿化带——线。

沈北河域景观主要为辽河生态景观区，辽河生态景观区由石佛寺水库景区和七星山景区组成。不仅能形成绿色低碳交通廊道，增添居民日常生活趣味，而且能够多方位展示沈北新区特色，使其多方位发展。

图 4.19　沈北新区生态线

a. 辽河七星湿地公园：规划面积约 180km²，由辽河生态景观区和东部森林景区组成，依托旅游大道形成带状布局，重点发展休闲旅游和生态观光产业。园区精心打造以辽河水面风景为主的秋雨观荻、春风金海、水岸映绿、水袖花田、蔓舞星苑、荷塘月色、绿藤翠屏等七大主题景观区域，将区域内的自然资源和人造景观有机结合，形成一道景观别致、生态宜人的观光休闲风景线。为广大市民提供一个亲近自然、感受湿地魅力的休闲胜地。

b. 石佛寺水库景区：以水上度假和库区森林度假齐头并举作为度假旅游开发方向，采取以旅游度假村为主的方式将局部集中度假和个别分散度假有机结合起来。开发中应避免城市化误区，盲目追求设施齐全不可取，只要有特色即可避免度假地大部分接待设施的季节性闲置浪费。

③都市农业——面。

沈北新区的绿色活动空间面系统生态功能显著，也能在此基础上，兼容适当的社会休闲功能，提供更为特色化的休闲体验活动。

以兴隆台和清水台新市镇建设为重点，大力发展生态绿色和观光休闲农业，全面推进农业产业化和社会主义新农村建设，建设高质高效和可持续发展的都市农业区，打造城乡统筹发展示范区（图 4.20）。

该区域规划面积约 259km²，主要以基本农田及农村地区构成。依托兴隆台新市镇和清水台新市镇，重点发展绿色农业和观光休闲农业，打造高质高效和可持续发展的都市农业示范区。

图 4.20　沈北新区生态面

（2）主题活动策划

①主题活动景点与特色。

a. 稻梦空间：沈阳锡伯龙地创意农业产业园——稻梦空间，位于沈阳市沈北新区兴隆台锡伯族镇，占地面积 67hm²，被评为国家 AAA 级景区。园区由稻田画观赏区、休闲体验区两区组成，以自然生态为理念，打造原始耕种与鸭蟹立体养殖共作的生态稻田；以锡

图 4.21　稻梦空间主题公园

图 4.22　薰衣草庄园

伯文化为传承,展现璀璨悠久的农耕历史;以稻米文化为创新,绘制震撼人心的世界最大稻田画;以科普农耕文化知识为媒介,建立全国最大中小学生教育科普基地。体验区内设高空滑索、七海秋千、水上漂"留"、弯弓射箭、篝火宿营、稻田婚礼、龙骨水车体验、稻草人观赏……充溢着稻田娱乐的奇思妙想,是一处创意与文化并进的稻米主题公园(图 4.21)。

b.薰衣草庄园:七八月份是薰衣草绽放的季节,花期可达 100 天,色彩斑斓的山谷、迎风摇曳的薰衣草将成为沈阳盛夏最耀眼的一道风景。那时会有薰衣草节、花间音乐节、花仙子选拔赛、时尚婚纱展等一系列富有特色的文化活动。茫茫花海中,有白色帷帐、绿地草坪的婚礼殿堂;有浪漫唯美的天鹅湖;有充满乐趣的向日葵迷宫、森林氧吧和藏宝地带;有充满艺术气息的莫奈画廊;有饱腹之乐、享受美食的香草餐厅……沈阳紫烟薰衣草庄园是亲近自然、举办婚礼、影视拍摄、绘画写生、田园观光、游艺娱乐、团队训练、科普教育、休闲度假的理想旅游目的地(图 4.22)。

c.怪坡风景区:位于沈阳市沈北新区清水台镇帽山西麓,是一条长约 80m,宽约 25m,呈西高东低走势的斜坡,其"上下颠倒"的神奇之谜令游客叹为观止,成为国外友人到沈的首选景观。怪坡风景区被评为"辽宁旅游四大奇特景观"之一,现在已经晋升到国家 AAAA 级旅游区(点)行列。这里已形成 9km² 的风景区,有天工人造、各具情趣的人文景观和自然景观 20 余处,包括太岁展馆、秦始皇兵马俑、跑马场、滑草场、卧龙禅寺、梨花湖、月牙湖、霞姝泉、松林槐谷、卧龙亭等。近年来,沈阳怪坡风景区凭借沈北新区大开发的春风,加大了景区整治力度,使环境得到极大改善。同时,沈北新区路网建设四通八达,实现了东部旅游景点的完全连接。

4.6.2　碳源碳汇空间布局下产区技术措施

(1)能源利用

①光伏发电技术。

光伏发电技术的应用主要集中在农村电气化和离网型太阳能光伏产品,太阳能非晶硅技术方面。例如农村街道电灯，光路版等。

②绿色照明技术（LED）。

随着中国绿色照明工程的推进，开发和推广高效照明装置，逐步替代传统的低效照明装置，节约照明用电，建立一个优质高效、经济舒适、安全可靠、有益人们生活和工作的照明环境。通过对绿色照明概念的了解分析和科学的照明设计，采用效率高、寿命长、安全和性能稳定的照明产品电光源、灯具、控制系统等，达到节电减排效果。

绿色照明不仅可以应用在农村基础设施照明系统上，还可广泛应用在办公建筑、居住建筑以及酒店中。并且针对不同地点，应选用不同种类的 LED 灯。例如，紧凑型节能荧光灯可应用于酒店等公共场所中；GT1 高效节能照明灯具可应用于各类工厂中；时间预置功率变换型高压钠灯电感镇流器可应用于街边路灯……可充分利用能源，在不影响居民日常生活的情况下，提高能源的利用率。

（2）水资源环境（中水回用、节水、低影响开发 LID、污水再循环）

①城市低碳生态供水。

城市供水系统低碳生态化建设应从水源地保护做起，因为水源水质的优劣对后续处理工艺的选择影响很大，在水厂环节应根据水源水质情况尽可能选择绿色低碳的水处理工艺，提高水厂的处理效率，降低吨水处理能耗和水耗，在自来水输送环节应优化控制管网输水压力，降低管网输送能耗，避免爆管和漏损情况，在用户端应充分利用市政供水压力，采用变频供水设备，提高用户端供水用能效率。

②城市节水。

我国经过节水型社会的创建，节水器具的普及率已经很高，行业标准《节水型生活用水器具》（CJ 164—2002）也正处于修编阶段，将进一步规范节水器具市场，促进技术进步，推动用水器具节水减排质量提升。作为难啃的硬骨头城市管网漏损问题仍旧突出，无论是市政供水管网，还是建筑与小区管网，漏损情况的解决难度都很大，但是在创建低碳生态城市的过程中，这一问题又是不能回避的，建议从市政到建筑用水末端均采用优质管材管件防止漏损，同步建立多级计量系统，逐步提升管网漏损监测的信息化水平，提升漏损检测效率。

③城市雨水的利用。

城市雨水的利用，是为了解决城市水资源的紧张问题，是开源的一种方式。城市雨水利用设施的规模应在雨水资源量和用水量间取得平衡，不宜过大采用较高的重现期，造成设施浪费；也不宜过小，造成雨水净化设施的性价比过低。同时，雨水利用设施宜与雨水调蓄设施结合设置，避免出现只调不用现象。

④城市面源污染的控制。

城市面源污染的控制，其目的是防止雨水径流对城市环境水体造成的污染。具体的工程措施可以分为两类：第一类，在采取雨污合流制排水体制的城市（如巴黎），雨水和污水采用同一管道收集，统一进入城市污水处理厂，污水处理厂的处理能力可以应对暴雨季节的雨水量和高峰污水量的叠加；第二类，在采用雨污分流排水体制的城市（如德国），雨水经过专门的管道汇流在排入河道前，经过分流溢流设施，对于较小规模的降水，其雨水会被分流到专门建设的雨水处理厂，经处理后排入河道，而对于较大规模的降水，初期雨水会流入雨水处理厂，超过雨水处理厂处理能力的则直接溢流进入河道。我国还未有建设大型雨水处理设施的案例，在新一轮城市建设中，不建议集中上马大型的雨水处理设施，应着重解决中雨规模的雨水造成的径流污染，这可以通过建筑项目级别的雨水调蓄净化设施来化解，实现源头截污。

⑤城市内涝和防洪。

城市内涝应该分开来看，一方面，城市局部内涝最有可能是由于局部高程布置不合理造成雨水向低洼处汇集，而局部排水能力不能应对造成的；另一方面，整个城区规模的内涝出现有更深层次的原因，有分析认为，首要原因是城市化进程导致的土地下渗能力退化或丧失以及受纳雨水的河渠冲沟的大面积消失。应对这两种情况，采取的措施也不应相同：局部内涝宜从规划建设入手合理布置高程，对已经形成的低洼区域，则应辅以应急设施，提升局部的排水能力；城区规模的内涝，从开发时序讲，首先应该在规划之初就根据城市水文地形等特点，摸清城市的雨水汇流情况，保留足够的沟渠河道以及池塘湿地，保障城市雨水的流动、调蓄和排放能力。在建设阶段，应采用低影响开发的模式减少城市建设对土地下渗能力的影响，同时开展建筑、小区及城区规模的蓄滞设施建设，形成点面结合的雨水入渗调蓄体制。

⑥在我国，开展城市污水处理和再生利用也应该综合考虑经济、社会和环境这三方面因素，建议开展以再生水利用为导向确定污水处理集中或分散的选择，结合规模尺度大小，具体来讲可分为3种情况：第一种，以生产农业灌溉和城市景观水体补充水为用途的再生水，因用水量大且用水点集中，宜采用集中处理的方式；第二种，以工业用水为用途的再生水，宜采用分散－集中相结合的方式，根据不同工业类型，选择适宜的污水处理工艺进行分散处理，在工业园内集中进行再生处理，然后回用于工业园中的不同企业；第三种，对于单体建筑、居民小区或园区，因为单一用水点再生水需求量相对较小，且用水点较为分散，宜采用分散式污水处理和再生利用的方式，减少管网建设，减少污废水和再生水的输送。

沈北地区可利用的污水低碳处理工艺包括：厌氧生物处理技术，其中包括厌氧氨氧化技术；生态处理技术，包括各类型生态塘、人工湿地及它们的组合形式。

（3）沈阳农业低碳化发展

①充分利用碳源向碳汇的转变。

沈阳地区作为东北平原的腹地，在农田规划中应注重对碳汇资源的储存，不仅在碳源的集聚上而且也在土壤碳汇的整理上加大力度。由于土壤是一个巨大碳库，而植被的高覆盖率也会提升碳汇的储存量，作为农业生态系统的一个重要部分，应通过在农业生产和施肥上来实现耕作方式的改变，通过保护性耕作来改善原有的机械化耕种模式，对部分地区采取少耕和免耕的措施减少土壤中有机碳的扰动和碳流失，通过合理合时的轮耕和间耕缩短农田的休耕期，提升农田的复种指数来存储更多的碳汇资源，改善土壤结构过程中增加有机碳的总量，延长土壤的绿色覆盖时间。同时，在农田辅之以林地的栽培，在部分地区进行退耕还林建造景观园林，并在水土不充分的地区发展草地和建造湿地来推进农业园区的建设。

②提升低碳农产品的生产比例。

通过改善农业生产布局来实现对农业低碳化的推行，在推广产业化经营等方面重点对农机报废更新补助方面提出碳排放的标准，在养殖环节病死动物及其无害化处理补贴上进行碳贸易、排污权交易机制的探索等。通过碳锁定来整合整体农业低碳化的路径，从低碳化的体系入手，鼓励农民了解低碳应用技术对于提升农产品的质量和生产比例来说至关重要。同时，也可以建立一些低碳的补贴政策，通过获得低碳抵押贷款扩大低碳生产规模或领域，在农机具的处理上应建立相应的报废补贴机制，减少碳排放及碳浪费，通过集中现有的技术及资金来支持和淘汰一批高碳型农业生产设备，并对现有的政策性资源进行评估并建立与此相关的退出及评价机制，通过激活碳金融来推广农业推行低碳化的领域。

③扩展在农业低碳化的实施范围。

通过贯彻生态文明的相关文件要求，落实沈阳地区关于发展低碳农业和在农业园区推行低碳化生产的部署，瞄准沿园区农业发展方向，推行"绿色农业"的先进理念，将绿色农业的发展模式与低碳发展的要求及机制进行全面融合，确立以生态效益、经济效益和社会效益为基础，通过政府扶持，确立龙头企业的带动作用，加强产业支撑的发展思路，拓展基础设施建设和创新发展机制，合理使用依托林地资源优势所创造的碳汇资源。确立产业极化发展的着手点，以发展林下经济支持碳汇，以设施农业构建低碳生产，拓展农村生活、农业生态和服务农民的功能，积极发展休闲观光型低碳农业，将农业的低碳化发展推向实处，实现土壤、光照及水土资源的最大化利用。通过新技术的应用引进农业技术人才和培训相关农民，从技术和素质上实现农业增效和农民增收，构建在农业方面的低碳竞争力。

（4）再生资源回收交换利用

①推行电子产品处置费征收制度。

再生资源回收利用的社会环境效益远远大于其经济效益，政府为鼓励产业的发展应对回收利用主体进行经济补偿。应用经济政策为电子废弃物回收处理提供资金，强制全社会为环境保护资源循环利用分忧尽责，生产者与消费者必须承担产品寿命终结时的回收处理责任。政策引导主要分两方面：一是征收电子电器废物处置费、垃圾处理填埋费；二是对回收处理的企业进行补贴奖励。

②普及物理分类技术。

分离各种类物质，利用材料的物理性质差异进行分选，初步方法包括：拆解、破碎、分选。经过物理处理后剩余金属与非金属混合物将由化学溶剂析出分离。首先是拆解步骤，电子废弃物中含有多种电子元件，例如变压器、电容。干湿电池、晶体管、LED 屏等，这些组件中多含有金属物质和有毒有害物质，在拆分部件的环节，将可回收利用的材料和有毒有害的物质区分开来。对于小型电子产品手工拆解是常用方法，大型电子电器如洗衣机、冰箱、汽车的外壳可以使用机械拆解。日本 NEC 公司发明了拆解废旧线路板智能机器人，机器手臂可探测不同金属组件，并利用远红外加热和两极去除的原理剥离电子板上的元件。

拆解成单体部件的材料要经破碎，被处理成颗粒状待进一步分离加工。根据材料的物理性质选择合适的破碎方式及破碎程度。对硬度较高、韧性较强的废弃部件，如树脂板、塑料板、金属外壳等，多采用剪、切、冲击的方式破碎。用剪、切的方式分离树脂与金属复合物，减小金属与非金属的缠绕。瑞士 Result 技术公司研发了超音速法破碎多种材料复合组件，不同种材料的冲击和离心特性不同，超音速分离机可以将金属剥离形成颗粒状，而将非金属脆性物质破碎成粉末状。

经过拆解、破碎后，混合物的分离程度还不尽完全，可使用干法分选和湿法分选对颗粒状混合物进一步分离。常用干法分选包括空气摇床、电选、磁选和气流分选；湿法分选包括水力摇床、浮选、水力旋流分级等。空气摇床是一种按密度分选设备，广泛应用于不同密度混合颗粒的分离，颗粒被吹入摇床内，在重力、电磁激振力、风力综合作用下按密度差异形成松散分层，密度较大的重颗粒向上移动，密度较低的轻颗粒向下飘移，金属与非金属颗粒分离开来。涡流分选技术也是分离金属与非金属的好方法，分选机的磁场发生变化时稀有金属颗粒产生涡电流，涡电流与磁场相互作用，导电颗粒与非导电颗粒的运动轨迹发生变化，即金属与非金属颗粒发生分离。

③做好废塑料、废金属的回收处理。

废弃物中的主要非金属材料是塑料，特别是工程塑料。塑料具有良好的绝热和绝缘特性，并耐热耐压，广泛应用于生产生活中。纯塑料制品如玩具、塑料瓶、容器等可用机械法直接破碎回收，而混合材料则可采用化学法、热回收法和机械法来处理。化学法是高温加压下，混合材料发生解聚反应，生成物为合成油、沥青和焦炭等。热回收法最为环保，将塑料物质作为生产燃料，仅回收热量并不产生其他可再利用的物质。最为普遍应用的是机械法，机械法也是所有废弃物回收再利用的第一步。机械法是利用不同物质的物理性质进行分选，物理加工环节越多，越可避免使用化学溶液给环境带来的污染。

金属回收的经济效益是可再生资源回收处理价值的主要体现，现今电子废弃物的回收处理工艺在不断发展中，种类和技术在不断改善，很多材料的回收再利用率接近 90%。电子废弃物中可回收的材料主要有塑料、金属、贵金属、稀有金属及树脂纤维材料等。丹麦技术大学经数百例抽样统计，显示每吨废弃电子板卡中含有塑料 272kg、铜 129kg、黄金 0.45kg、铁 40kg、铅 29kg、镍 20kg 和锑 10kg。

通用的回收处理方法有机械处理法、火法冶金、湿法冶金及微生物法等。机械处理法通常是各类处理法的第一步，利用机械的方法进行分选、破碎，靠物理作用使废弃物原料化。破碎后的物质有多种成分混杂，为达到精制分离多种金属的目的，用化学和生物的方法经过热解、催化分解、熔融等环节逐步提取。火法冶金是利用冶金炉高温加热剥离非金属物质，而后将多种金属混合物从熔盐中逐步分离。火法冶金技术较简便易操作，但高温焚烧时冶炼炉内会产生多种有害气体造成二次污染，且回收率较低，能耗与工业成本较高。

湿法冶金是指利用稀有金属能溶解在硝酸、王水等强酸的特性，酸溶解含金属粗料后，逐步从溶解液中回收分离金属材料。湿法冶金技术常用化学酸剂有硝酸、王水，其中，氯化法和氰化法最为常见。氯化法与氰化法在反应之后均留下难以处理的含氯、氰废液，对环境有不利影响。相比之下，硫脲毒性小易再生，溶解金的速度快，避免了使用氰化物对环境的污染。湿法冶金总体上来说成本较高，污染也相对较重，用于回收处理后的酸液需要妥善处理，否则容易造成二次污染。

最新的回收金属方法是微生物法，培养细菌浸取粗料中的金属成分，其特点是成本低、能耗小，回收工艺更利于环保。常见细菌与废料中的金属成分互相作用，产生氧化、还原、溶解、吸附，最终可以沉淀稀有金属。但是，细菌的培养周期较长，控温难度也较大，微生物回收法只适合回收少量稀有金属，不适用对大量金属的浸出。总体来说，微生物技术有着成本低、节能环保的优势，具有很大发展潜力。

废弃物综合利用与循环再生产业的发展依赖科技成果，使废弃物能够被无害、减量以循环利用。对不能处理的废液和固体废弃物，应按环保规定交由有资质的回收处理企业进行加工，促进工业废弃物的集中化、规模化处理，杜绝或减少二次环境污染，引导该行业进入良性循环。

④促进技术研发的有效途径。

重视和加速技术创新已成为再生资源行业市场化必不可少的一个环节。技术革新的渠道主要分 4 种：企业研发、高校研发、政府组织攻关及技术引进。

目前中国仅有少量大中型回收企业建立了自己的资源循环利用实验室，涉及的领域及成果还不尽如人意。我国可以借鉴发达国家做法，对再生资源利用的技术研发和产业化给予高额补贴，鼓励从事再生资源回收处理的企业积极探索科研突破。要充分发挥再生资源行业龙头企业的学术研发带头作用，积极组织产学研联盟。我国再生资源产业技术创新战略联盟已于 2009 年 10 月成立，由 43 家龙头企业合作开展互通有无的战略性技术研发。

如果能够从国家和政府层面加大投入，组织攻关，制定措施，努力突破制约产业发展的技术瓶颈，要比单纯依靠市场、企业研发力量有效得多。我国在编写"十二五"产业技术路线图时，明确提出编制《"十二五"废弃物资源化科技发展专项规划》的重要性，罗列出再生资源循环产业中关键性技术攻关突破项目，由科技部牵头组织研发。围绕当下亟待解决的金属回收冶炼、塑料制品的分离加工、纸制品精炼加工技术等启动技术标准规范制定工作，并且，针对技术研发关键环节建立必要的专家委员会和研发小组，成员为高校学术专家及企业技术人员，通过联盟平台交换意见与成果，促进产业研发与推广。

我国部分高校已设立再生资源利用学科，把循环经济发展及再生资源加工处理作为一种专业科学来探讨研究。大学中设立技术研发实验室，将专利成果出售给企业，达到技术交易市场化。要加快对专业人才的培养，我国目前已有设立资源循环科学与技术本科专业的院校，如江苏技术师范学院、南开大学、北京工业大学等。充分发挥高等院校编写教材、组织科研骨干开展研究的积极性，提高整体教研水平与研发实力。国内数十家大学开展了再生混凝土的学术研究工作，主要解决再生骨料混凝土高吸水和高收缩问题，其中，东南大学、北京建筑大学等高校已经开展利用城市垃圾烧制砖瓦与混凝土的实验。

引进国外先进的资源再生利用技术是直接快捷提高回收率的有效方式。将回收冶炼技术处于世界领先水平的企业引入中国，开展回收利用业务。此外，购买专利成果、合资合作及收购国外处理加工企业等，都是可行方案。

总之，再生资源循环利用的根本因素在于技术革新，通过政府支持、企业重视、高校研发、市场调节等多种方式建立符合我国国情的科研技术体系，以扩大再生资源循环范围，提高废弃物转化再利用率，提高企业生产利润，避免二次污染，达到密闭循环的目标。

⑤建立回收渠道。

中国已经形成了适合中国国情的废金属、废纸、塑料、玻璃及废弃电子电器产品的回收网络，但只有极少数企业形成了完整的产业链。大多数深加工企业缺乏稳定的来料供应。再生资源主要源于国内生产生活废弃物和国外进口可回收废物。

中国目前的废品回收行业存在规模化程度不高、政策扶持力度偏低、有关税收政策有待完善等问题，进口再生资源无疑是解决原料不足的好办法，但出于对"洋垃圾"的顾忌，目前我国进口的可再生原料品种很少。我国国际再生资源进出口贸易处于空白状态，各有关管理部门就进口标准与认定材料的种类未达成一致，因此，再生资源进口缺乏有效的管理与利用。海关总署与环保部门的联合监管与积极填补政策空白，有利于充分利用境外原料，促进再生资源产业规模化、集约化发展。

加大回收可再生资源力度，提高材料回收量，可以通过构建以"社区回收站点→分拣中转站→集散交易中心→综合利用处理"为主线、多渠道相配合的再生资源回收利用网络体系，形成比较完善的"回收→交易→加工→再生循环"产业链条。大中型城市人口稠密，再生资源量大，回收网络建设是当务之急。大中型城市再生资源回收系统建设内容主要包括：回收渠道建设、回收站点建设、分拣中转站建设、集散交易中心建设和再生资源产业园建设。

⑥建设回收站点。

地方政府引导各地建立以社区为单位的流动或固定的回收网络，构成从居民生活区中直接向回收处理企业输送原料的简捷渠道。

回收渠道分为三大类：生活性再生资源回收渠道、生产性再生资源回收渠道及旧货回收渠道。旧货回收渠道是由产生旧货的居民或企事业单位将旧货拿到旧货交易市场或自行在旧货市场出售。生活性再生资源回收渠道又分为两类：综合类回收渠道和专门性回收渠道，专门性回收渠道又分为报废汽车、废旧电子产品、废轮胎、废电池等若干小类。

综合类回收渠道为：生活类废旧物资 – 回收站点 – 分拣中转站 – 集散交易中心 – 加工利用企业 – 再生利用，回收站点是覆盖城乡的以社区、乡村为单位的基层回收站点；分拣中转站是以街道、镇（乡）为单位的片区分拣中转站，即建立环保、新型、按片区划分的分拣中转站，将每个街道、镇（乡）的各回收站点以及企事业单位的再生资源统一收集起来，中转站应具备简易的分拣、打包功能；集散交易中心是具有储存、集散、初级加工、交易、信息收集发布功能的综合性集散交易平台。发达国家的综合类生活性再生资源回收渠道多为以社区为单位，每半月流动回收车上门清拣一次，地方政府统计显示，此种回收方式大大提高了综合性生活废品回收率。

4.6.3 碳源碳汇空间布局下政策的宣传及引导

（1）政府政策的宣传

要真正做到家喻户晓，人人皆知。在传播主体上，政府和企业要肩负起相应的责任。政府在资源支持和政策制定方面是践行者，针对不同的行业产业实行不同的政策引导。强制减少排放，降低污染，鼓励产业转换，提供节能投资补贴，通过碳基金、保障制度等各种方式来为企业提供一些可见的、具有可操作性的配套服务。政府的政策支持是强有力的传播，具有较高的权威性，并且可以依据相关法规制度来规范，甚至进行管制。政府政策传播的要点在于提升企业对低碳政策的执行力与说服力，为了保证对低碳政策的推广和实施，政府要做好教育、沟通、反馈等多种传播工作。

低碳理念的有效落实需要企业处理好社会责任与盈利目标之间的关系。低碳经济正在成为一场产业革命，企业基于自身可持续发展的要求，必然选择低碳化转型。企业需要追求利润，更需要肩负起社会责任。一方面，企业应倡导低碳文化，加强自我宣传和参加社会公益宣传，努力营造低碳企业的形象；另一方面，企业应不断挖掘消费者的低碳需求，培养消费者的低碳消费文化。具体来说，一是积极宣传低碳文化，配合政府做好舆论引导和知识宣传的工作，如做低碳公益广告，开展低碳基金捐赠等；二是营造企业低碳形象，向消费者传递企业的前瞻性、社会责任感，获得消费者的认可；三是利用企业低碳文化去感染消费者，吸引其参与到低碳文化的传播中来。

（2）低碳理念融入

利用企业低碳文化去感染消费者，吸引其参与到低碳文化的传播中来。低碳理念的有效传播需要根据消费者生活方式的形成与认知过程对传播内容，从理性诉求、感性诉求和道德诉求角度加以设计，让消费者了解目前国内自然环境的现状、社会与环境的关系、环境破坏的现状、可持续消费生活方式、实施低碳行为的途径及意义等基本信息，促使消费者关注低碳信息，运用通俗易懂和具有视觉冲击力的图片或宣传语强调低碳。

减少我们生活环节上的碳消耗。早上使用传统的发条闹钟，取代电子闹钟；父母在午休和下班后关掉计算机和平板显示器；如果不用电灯、空调，随手关掉；一旦手机充电完成，立即拔掉充电插头；下午洗衣时选择晾晒衣物，避免使用滚筒式干衣机；一家人吃完晚饭后，在附近公园中散步，从而取代在跑步机上的 45 分钟锻炼；家中使用节能灯泡。

日常出行时，提倡绿色出行，使用公共交通，使居民更好地享受绿色出行。购买小排量或新能源车辆，每周少开一天车，尽量选择公共交通方式出行；同时，我们倡议广大青年朋友积极参与"低碳交通，绿色出行"活动，带头乘坐公共交通工具，或选择"拼车"结伴而行，或选用自行车、步行等绿色出行方式，尽量减少摩托车、小汽车的使用。特别要把步行和骑自行车出行作为缓解交通压力、促进节能减排、保护环境、强身健体的有效行动。践行"135"出行方式，即 1km 以内步行，3km 以内骑自行车，5km 乘坐公共交通工具。

第五章

结　论

本研究选择辽宁中部城市群为分析案例，并结合碳平衡理论对示范区沈北新区进行了综合分析。虽然尽可能多角度、多方法、多尺度地开展研究，依旧存在很多待完善之处，鉴于此，本章部分针对研究得出的主要结论和未来展望进行了讨论。

（1）辽宁中部城市群固碳潜力及特征

在森林固碳潜力方面，出现西高东低的情况，辽宁中部城市群中最大的森林单位面积固碳潜力约为 86.81t/hm²，而区域平均单位面积固碳潜力为 20.01t/hm²，区域总的固碳潜力为 5.88×10^7t。平均单位面积固碳潜力低于东北内蒙古国有林区平均单位面积固碳潜力 75.21 t/hm²（印中华等，2014），高于青藏高原高寒区阔叶林乔木层固碳潜力 19.09 t/hm²（王建等，2016）。不同城市之间的平均单位面积固碳潜力顺序为：沈阳 29.33 t/hm²、铁岭 21.52 t/hm²、营口 21.03 t/hm²、辽阳 20.48 t/hm²、鞍山 20.33 t/hm²、抚顺 19.41 t/hm²、本溪 18.06 t/hm²。城市森林总固碳潜力依次为抚顺 16501284t、本溪 12083288t、鞍山 9439388t、铁岭 9306756t、营口 5641989t、辽阳 3834923t、沈阳 1991839t。这表明辽宁中部城市群占主导地位的森林植被碳汇潜力不高，最大森林单位面积固碳潜力出现在西部地区，虽然潜力大，但是面积过小。主要原因是东部成熟、过成熟林碳储量已经很高，碳汇潜力已经非常有限了，而西部多为中幼龄林，碳汇潜力大，但是面积不足。

（2）辽宁中部城市群不同土地利用类型碳蓄积量

从辽宁中部城市群不同土地利用类型碳蓄积量结果分析中可得，各城市总碳蓄积量由高到低依次为抚顺、铁岭、本溪、鞍山、沈阳、营口和辽阳，这与各城市土地利用组成有关。其中，抚顺和本溪的林地面积较大，铁岭的林地和耕地面积均较大，因此这 3 个城市的碳蓄积量较高，而辽阳和营口的辖区总面积相对较小，所以得出的碳蓄积量明显低于其他城市。

从各城市不同土地利用类型碳蓄积量组成情况来看，沈阳的耕地碳蓄积量最大，而其他 6 个城市均为林地碳蓄积量最大，占各城市土地利用碳蓄积总量比例均超过 50%，其中，本溪和抚顺的占比相对较高，分别达 89.0% 和 85.1%；沈阳、营口和辽阳建筑用地碳蓄积量占比相对较高，分别为 9.7%、7.1% 和 6.1%，其他城市占比均不足 5.0%。

（3）辽宁中部城市群各市建筑相关碳足迹系数

通过对建筑相关过程的建材准备阶段碳足迹、施工阶段碳足迹和拆除阶段碳足迹分析，综合得出砖混结构和钢混结构建筑相关碳足迹分别为 247.14kg/m² 和 357.26kg/m²。各种建材中，水泥对碳足迹贡献最大，这主要与建筑的水泥用量大、生产过程中消耗能源多等因素有关；而从建筑过程的各阶段来看，建材准备阶段的碳足迹对整个建筑碳足迹贡献较大，在砖混结构和钢混结构建筑中的贡献占比均超过 80%。同时，考虑到辽宁中部城市建筑结构中砖混结构占比较大的特点，并参考《建筑施工手册》（2003），得出辽宁中部城市群的建筑相关碳足迹为 269.16kg/m²。

（4）基于建筑容量提取的辽宁中部城市群碳足迹计算方法

基于遥感影像提取建筑面积的方法能够有效提取建筑面积的总量和空间分布，基于建筑面积提取结果对累积碳足迹计算和空间分布评估起到支撑作用，对于后续的空间优化和减排研究有重要意义。辽宁中部城市群 7 个城市建筑面积和累积碳足迹由高到低依次为沈阳、鞍山、抚顺、辽阳、营口、铁岭和本溪；2011—2013 年，年均碳足迹由高到低的顺序为沈阳、本溪、抚顺、鞍山、铁岭、营口和辽阳。

（5）辽宁中部城市群碳排放量

辽宁中部城市群建筑与居民生活总体碳排放量在 1552.36 万 ~ 18175.90 万 t 之间，由高到低依次为：沈阳、鞍山、抚顺、铁岭、辽阳、营口和本溪，各城市间差异较大。铁岭以居民相关碳排放为主，占比在 58% 左右；而其他 6 个城市建筑相关碳排放量在总碳排放量中占比较高，占比在 53.9% ~ 92.9% 之间，特别是沈阳和鞍山超过 90% 的碳排放量来自建筑相关排放，可以看出城市建筑规模对于城市的碳排放和碳足迹影响较大。根据辽宁中部各城市土地利用组成计算得出中部城市总碳排放量为 14332.09 万 t。其中，建筑用地碳排放量最大，为 13730.72 万 t，占总碳排放量的 95.8%；其次为林地，为 581.00 万 t；耕地和草地分别占总碳排放量的 0.13% 和 0.01%；水域和其他类型假定无碳排放量。

（6）辽宁中部城市群建筑相关碳足迹评价

在高排放城市中，经济较为发达的城市，例如沈阳和鞍山，均属于高排放 - 低效率类型。主要是由于经济发达地区房屋建筑的容积率较大，建筑结构复杂，单位面积所需建材必然较多，因此都属于低效率类型。这些地区也是未来碳减排的重点区域。应在保障这些地区经济发展的前提下，降低碳排放，逐步向低排放 - 高效率转变。

（7）辽宁中部城市群规划预案下空间格局

两种预案下各土地利用类型的变化趋势相对一致，但变化的幅度存在差异。在辽宁中部城市群建设用地变化是其他土地利用类型变化的主导和诱因。城镇建设用地在"规划预案"中的上升幅度比在"低碳预案"中上升幅度大，表明集约发展可以有效节约建设用地。由于城镇化发展导致的人口流动，农村居民点用地面积呈下降趋势，在"规划预案"中下降得更快，表明规划的城镇化速度可能比现实的要高。旱地和水田的面积都呈下降趋势，水田趋势相近。有林地面积在"规划预案"中呈下降趋势，而在"低碳预案"中有林地面积有所上升，其原因为建筑用地面积减小为绿化提取空间。灌木林和草地面积较小，随其他土地利用类型变化而变化，两个预案下差别较小。

（8）碳源碳汇下空间格局优化策略

"氧源绿地"模式是指主要为城市碳源提供释氧固碳、滞尘等功能的大型绿地分布模式，特点是主要分布在城市中心区周边，地理位置处于城市上风向，分布面积较大，分布种类多为乔灌草多复层绿地及混交乔木林等释氧量高的植物配置。

"碳源绿地"即吸收城市郊区碳源的碳汇绿地，其模式主要是指在靠近碳排放较大的功能区周边分布固碳能力强的植被的布局模式，其特点是紧邻城市功能区，地理位置处于下风向，分散布置。

"近源绿地"模式主要指分布在城市建成区范围内，采取点状 – 带状相结合的方式布置绿地的模式，其分布特点是"大范围分散，小范围集聚"，规模大小依照城市中心区变化而变化。

（9）沈北新区低碳空间格局优化

碳源碳汇理念下基于三源绿地规划原则调整区域空间格局，增加绿地面积 1000hm²，总碳汇量增加 17.8%，绿地功能布局方面使用乔灌草相结合植物配置方式，比原有单一植物种类碳汇量增加 52.3%，实现蒲河的生态治理与廊道绿地建设。横向廊道增加绿地面积 146hm²，增加固碳量 7.2 万 t/a。纵向廊道增加绿地面积 1.8km²，沈北新区共增加绿地固碳量 153t/ 年。

在低碳引导下的产业用地布局时，要优先布局碳汇用地。首先，对区域内的用地进行分析，对植被生长条件有利的区域进行着重布置，优先考虑碳汇产业。其次，在布局时，要严格遵守碳源用地在一定程度上避让碳汇用地。因为大多数情况下，碳源产业对用地的要求不高，因此应该对碳汇用地有所避让，从而使碳汇体系更为完整连续。再次，在空间格局上，选择合适的企业共生群落模式并重视工业群落内部空间格局类型的选择，在两种尺度上，把控紧凑型的布局策略，形成产业链，达到循环经济效益的最大化。最后，在碳汇用地的遴选上，优先布置固碳能力高的碳汇用地，如林业，远远要高于农田和草地。

参考文献

[1] QiuB-X. The transformation trends of urban development model in China： Low carbon eco-city. Urban Studies， 2009， 16(8)： 1-5 (in Chinese).

[2] Hu X-F， Zou Y， Fu C. Spatial and temporal patterns of the ecological compensation criterion in Jiangxi Province， China based on carbon footprint. Chinese Journal of Applied Ecology， 2017， 28(2)： 1-11(in Chinese).

[3] Christopher L， Weber HS. Quantifying the global and distributional aspects of American household carbon footprint. Ecological Economics， 2008， 66： 379-391.

[4] Liu M-C， Li W-H， Xie G-D. Estimation of China ecological footprint produc-ion coefficient based on net primary productivity. Chinese Journal of Ecology， 2010， 29(3)： 592 - 597 (in Chinese).

[5] Zhao R-Q， Huang X-J， Zhong T-Y.Research on carbon emission intensity and carbon footprint of different industrial spaces in China. ActaGeographicaSinica， 2010， 65(9)： 1048-1057 (in Chinese).

[6] Ma C-H， Zhao J. Quantitative evaluation of resource and environment pressure in Qinghai Province， China based on footprint family. Chinese Journal of Applied Ecology， 2016， 27(4)： 1248-1256 (in Chinese).

[7] Wang W， Lin J-Y， Cui S-H， et al. An overview of carbon footprint analysis. Environmental Science & Technology， 2010， 33(7)： 71-77 (in Chinese) .

[8] Wang J.Calculation and Analysis of Life Cycle CO2 Emission of Chinese Urban Residential Communities. Master Thesis.Beijing： Tsinghua University， 2009(in Chinese).

[9] Xia Y.Analysis by Computation and Evolutionary Scenario of Urban Residential Community Carbon Footprint in Our Country. Master Thesis.Dalian： Dalian University of Technology， 2013(in Chinese).

[10] Cao L， Xu Z-Q， Dai J-S， et al. Method optimization and accuracy evaluation of terrain and buildings extraction based on LiDAR and CCD data. Remote Sensing Technology and Application， 2014， 29(1)： 130-137 (in Chinese).

[11] Hao M， Deng K-Z， Zhang H. An improved active contour model to extract buildings based on remotely sensed data. Journal of China University of Mining & Technology， 2012，

41(5)：833-838 (in Chinese) .

[12] Liaoning Provincial Bureau of Statistics.Liaoning Statistical Yearbook 2013.Beijing：China Statistics Press，2013(in Chinese).

[13] Bureau of Statistics of China.China Energy Statistical Yearbook 2013.Beijing： China Statistics Press，2013(in Chinese).

[14] Galli A，WiedmannT，Ercin，et al. Integrating ecological，carbon and water footprint into a "Footprint Family" of indicators： Definition and role in tracking human pressure on the planet. Ecological Indicators，2012，16：100-112.

[15] Gao Y-X. Assessment Methodology and Empirical Analysis of Embodied Carbon Footprint of Building Construction. Master Thesis. Beijing： Tsinghua University，2012(in Chinese).

[16] Zhang Z. Research on Carbon Emission Calculation Model of Construction Phase. Master Thesis.Guangxhou： Guangdong University of Technology，2015(in Chinese) .

[17] Bureau of Statistics of China.China Statistical Yearbook. Beijing： China Statistics Press，2013(in Chinese).

[18] TruttJ，WilsonS，Shoraey-Darby H，et al.Assessing the carbon footprint of water production.Journal of the American Water Works Association，2008，100：80-91.

[19] Bribian IZ，Uson AA，Scarpellini S. Life cycle assessment in buildings： State-of-the-art and simplified LCA methodology as a complement for building certification. Building and Environment，2009，44：510-520.

[20] Gong Z-Q，Zhang Z-H.Quantitative assessment of the embodied environmental profile of building materials. Journal of TsinghuaUniversity (Sciense and Technology)，2004，44(9)：1209-1213 (in Chinese) .

[21] Li F，Cui S-H，Gao L-J，et al.Carbon footprint comparison of residential buildings between brick and concrete structure and shear wall structure in Xiamen City. Environmental Science &Technology，2012，35(6)：18-22(in Chinese).

[22] Zhang Y-F. Building Contour Extraction of Large-scale City Modeling based on Remote Sensing Image. Master Thesis .Xi'an： Xidian University，2014(in Chinese).

[23] Tian X-G，Zhang J-X，Zhang Y-H. Extraction of heights of buildings in city from shadows in QuickBird image. Science of Surveying and Mapping，2008，33(2)：88-89 (in Chinese) .

[24] ChENG F.THIEL K H.Delimiting the buildingheights in a city from the shadow in panchromatic spot-image-pare 1-test of forth two buildings.International Journal of Remote Sensing，1995，16：405-415.

[25] Qian Y，Tang L-N，Zhao J-Z.A review on building height extraction using remote sensing images. ActaEcologicaSinica，2015，35(12)：3886-3895 (in Chinese).

[26] Yin S-C. Study of Life-cycle Carbon Emission in Buildings. Master Thesis. Harbin：Harbin Institute of Technology，2012 (in Chinese).

[27] Li B，Li Y-X，Wu B，et al. Research on low-carbon calculation model in building construction stage. Journal of Information Technology in Civil Engineering and Architecture，2011，3(2)：5-10 (in Chinese).

[28] Chen Q. Study on the Calculation Method of Carbon Emission during the Construction Process of Architectural Project. Master Thesis.Chang'an：Chang'an University，2014(in Chinese).

[29] Zhou X-C，Xu L-Y，Yang Z-F. Optimization of low-carbon municipal solid waste processing model. Acta Scientiae Circumstantiae，2012，32(2)：498-505 (in Chinese).

[30] Zhang Z-H，Shang C-J，Qian K.Calculating the building carbon emission.Construction Economy，2010(2)：44-46 (in Chinese).

[31] Zhu D-F. Research of Urban Construction Waste Disposal. Master Thesis.Shanghai：South China University of Technology，2010(in Chinese).

[32] Shang C-J，Zhang Z-H.Assessment of life-cycle carbon emission for buildings.Journal of Engineering Management 2010，24(1)：7-13 (in Chinese).

[33] Li J，Liu Y. The carbon emission accounting model based on building lifecycle. Journal of Engineering Management，2015，29(4)：12-16 (in Chinese).

[34] Ranesh T，Prakash R，Shukla KK. Life cycle energy analysis of buildings：An overview. Energy and Buildings，2010，42：1592-1600.

[35] Gao Y，Liu C-H. A comparative study on carbon footprint accounting methods in the construction field. Ecological City andGreen Building，2014(3)：125-128 (in Chinese).

[36] Guan K，Liu C-B，Luo Z-L.Building Construction. Beijing：China Architecture & Building Press，2003 (in Chinese).

[37] Wang Y-J，He Y. Methods for low-carbon city planning based on carbon emission inventory. China Population，Resources and Environment，2015，25(6)：72-80 (in Chinese).

[38] 董会娟，耿涌，薛冰，等 . 沈阳市中心城区和市郊区能耗碳排放格局差异 [J]. 环境科学研究，2011，03：354-362.

[39] 付士磊，宫琪，徐婷婷 . 基于碳汇理论的沈阳城市 "三源绿地" 构建方法 [J]. 辽宁林业科技，2016，01：5-8.

[40] 杨欣鑫，支春云，王一岚 . 城市绿道的研究与介绍——以沈阳蒲河生态廊道为例 [J].

现代园艺，2015，12：174.

[41] 石铁矛，周诗文，李绥，等 . 建筑混凝土全生命周期固碳能力计算方法 [J]. 沈阳建筑大学学报 (自然科学版)，2015，05：829–837.

[42] 石铁矛，潘续文，高畅，等 . 城市绿地释氧能力研究 [J]. 沈阳建筑大学学报 (自然科学版)，2013，02：349–354.

[43] 唐密，石铁矛，胡月萍，等 . 沈阳城市用地生态布局调整研究 [J]. 规划师，2012，02：100–104.

[44] 于静，陈卓，蔡文婷，等 . 沈阳市公园绿地空间分布格局及规划策略研究 [J]. 湖南农业科学，2012，03：106–109.

[45] 林剑艺，孟凡鑫，崔胜辉，等 . 城市能源利用碳足迹分析——以厦门市为例 [J]. 生态学报，2012，12：3782–3794.

[46] 齐常清，杨滨章 . 绿色基础设施理念下蒲河廊道生态建设研究 [J]. 山西建筑，2014，07：209–211.

[47] 褚天骄 . 城市带状公园设计研究 [D]. 北京林业大学，2010.

[48] 赵荣钦，黄贤金，钟太洋 . 中国不同产业空间的碳排放强度与碳足迹分析 [J]. 地理学报，2010，09：1048–1057.

[49] 曹淑艳，谢高地 . 中国产业部门碳足迹流追踪分析 [J]. 资源科学，2010，11：2046–2052.

[50] 甄伟，黄玫，翟印礼，等 . 辽宁省森林植被碳储量和固碳速率变化 [J]. 应用生态学报，2014，05：1259–1265.

[51] Aerts JCJH, Eisinger E, Heuvelink GBM, et al. Using linear integer Programming formulti Site land use alloeation.Geographieal Analysis, 2003, 35(2): 148–169.

[52]Baldocchi D D. Assessing the eddy covariance technique for evaluating carbon dioxide exchange rates of ecosystems: past, present and future, Global Change Biology, 2003, 9: 479–492.

[53]Cai Z C, Qin S W. Dynamics of Crop Yields and Soil Organic Carbon in A Long–Term Fertilization Experiment in the Huang–Huai–Hai Plain of china. Geoderma, 2006, 136(3–4): 708–715.

[54]Campbell C A, Zentner R P, Liang B–C, et al. Organic C Accumulation in Soil Over 30 Years in Semiarid Southwestern Saskatchewan–Effect of Crop Rotations and Fertilizers. Canadian Journal of Soil Science, 2000, 80: 179–192.

[55] Detwiller R P, Hall C A 1988. Tropical forest and the global cycles. Science, 239: 42–47.

[56] Erie, E, Lambin, et al. The eause of LUCC: moving beyond the myths. Global Environmental Change, 2001(11): 105–138.

[57] Foley J A, De Fries R, Asner G P, et al. Global consequences of land use. Science, 2005, 309: 570–574.

[58] Frank A B, Liebig M A, Hanson J D. Soil carbon dioxide fluxes in northern semiarid grasslands. Soil Biology and Biochemistry, 2002, 34: 1235–1241.

[59] Feng CM, Lin JJ. Using a genetic algorithm to generate alternative sketchmaps for urban planning.

[60] Havlin JL, Kissel DE, Claassen LD, et al. Crop rotation and Ullage effects on soil organic carbon and nitrogen. Soil Science, 1990, 54: 448–452.

[61] Houghton R A. Magnitude, distribution and causes of terrestrial carbon sinks and some implications for policy. Climate Policy, 2002, 2: 71–88.

[62] Holzkam Per A, Seppelt R. A generic tool for optimising land-use patterns and landscape structures. Environmental Modelling&Software, 2007, 22(12): 1801–1804.

[63] Houghton R A. Releases of Carbon to the Atmosphere from Degradation of Forests in Tropical Asia. Canadian Journal of Forest Research, 1991, 21: 132–142.

[64] Houghton R A. The annual net flux of carbon to the atmosphere from changes in land use 1850–1990. Tellus, 1999, 51 B, 298–313.

[65] Hutyra LR, Yoon B, Hepinstall-Cymerman J, et al. Carbon consequences of land cover change and expansion of urban lands: A case study in the Seattle metropolitan region. Landscape And Urban Planning, 2011, 103(6): 83–93.

[66] IPCC. Climate change, land use, land use change, and forestry, a special report of the IPCC .Cambridge University press, 2000.

[67] Jener L M, Carlos C C, Jerry M M, et al. Soil Carbon Stocks of the Brazilian Amazon Basin. Soil Science Society of America Journal, 1995, 59: 244–247.

[68] Nepstad D C, Uhl C, Serrao E A S. Recuperation of a Degraded Amazonian Landscape: Forest Recovery and Agricultural Restoration.Ambio, 1991, 20(6): 248–255.

[69] Pielke Sr R A. Land use and climate change. Science, 2005, 310: 1625–1626.

[70] Polglase, Philip J, Australian Greenhouse Office. Change in Soil Carbon Following Afforestation or Reforestation: Review of Experimental Evidence and Development of A ConceptualFramework. National Carbon Accounting System Technical Report, NO.20. Canberra, 2000.

[71]Quay P D, Tilbrook B, Wong C S. Oceanic uptake of fossil fuel CO2: carbon–13

evidence .Science, 1992, 256: 74–79.

[72] R. A. Houghton, G. R. Werf, R. S. De Fries, M. C. Hansen, J. I. House, C. Quéré, J. Pongratz, N. Ramankutty.Chapter G2 carbon emissions from land use and land cover change. Biogeosciences Discuss, 2012.

[73] Scott NA, Tate KR, Bobertson JF, et al. Soil carbon storage in plantation forests and pastures: land-use change implication. Tellus, 1999, 51: 326–335.

[74] Su Y Z, Zhao H L. Influence of grazing and exclosure on carbon sequestration in degraded sandy grassland, Inner Mongolia, north China, New Zeal. J. Agric. Res. 2003(46): 321–328.

[75] Tate KR, Scott NA, Giltrap Ross D J, et al. Plant Effects on Soil Carbon Storage and Turnover in A Montanan Beech Forest and Adjacent Tussock Grassland in New Zealand. Australian Journal of Soil Research, 2000, 38(5): 685–698.

[76] Verburg P H, Soepboer W, Veldkamp A, et al. Modeling the spatial dynamics of regional land use: the CLUE-S model. Environmental Management, 2002, 30(3): 391–405.

[77] Wang Can, Chen Ji-ning, Zou Ji. Decomposition of energy-related CO2 emission in China: 1957–2000. Energy, 2005, 30: 73–83.

[78] Wang Y, Amundson R, Trumbore S. The Impact of Land Use Change on C Turnover in Soils. Global Biogeochemical Cycles, 1999, 13(1): 47–57.

[79] Witt C, Cassman K G, Oik D C, et al. Crop Rotation and Residue Management Effects on Carbon Sequestration, Nitrogen Cycling and Productivity of Irrigated Rice Systems. Plant and Soil, 2000, 225(1-2): 263–278.

[80] Wang, S. Q., Zhou, et al. Carbon storage in northeast China as estimated from vegetation and soil inventories [J]. Environmental Pollution, 2002, 116: S157–S165.

[81]城市碳排放量测算方法研究——以北京市为例[J].华中科技大学学报,2011,24(3): 104–110.

[82]苏雅丽, 张艳芳.陕西省土地利用变化的碳排放效益研究[J].水土保持学报, 2011, 25(1): 152–156.

[83]李颖, 黄贤金, 甄峰.江苏省区域不同土地利用方式的碳排放效应分析[J].农业工程学报, 2008, 24(Supp. 2): 102–107.

[84]顾朝林, 谭纵波, 刘宛, 等.气候变化、碳排放与低碳城市规划研究进展[J].城市规划学刊, 2009(3): 38–44.

[85]汤洁, 毛子龙, 王晨野, 等.基于碳平衡的区域土地利用结构优化[J].资源科学, 2009, 31(1): 130–135.

[86] 严婧，黄贤金，李颖，等．土地利用规划的碳排放评价和预测与调控——以安徽省滁州市南谯区为例 [J]. 国土资源科技管理，2010，27(1)：19-24.

[87] 赵荣钦，黄贤金，等．基于能源消费的江苏省土地利用碳排放和碳足迹[J]. 地理研究，2010，29(9)：1639-1648.

[88] 顾凯平，张坤，张丽霞．森林碳汇计量方法的研究 [J]. 南京林业大学学报：自然科学版，2008，32(5)：105-109.

[89] 方精云，刘国华，徐嵩龄．中国陆地生态系统的碳库 [A]. 见：王庚辰，温玉璞主编．温室气体浓度和排放监测及相关过程 [C]. 北京：中国环境科学出版社，1996，109-128.

[90] 国家发展和改革委员会能源研究所课题组．中国 2050 年低碳发展之路：能源需求暨碳排放情景分析 [M]. 北京：科技出版社，2009.

[91] 张润森，濮励，文继群，等．建设用地扩张与碳排放效应的库兹涅茨曲线假说及验证 [J]. 自然资源学报，2012-5，27(5)：723-733.

[92] 王铮，朱永彬．我国各省区碳排放置状况及减排对策研究 [J]. 中国科学院院刊，2008，23(2)：109-115.

[93] 朱勤，魏涛远．居民消费视角下人口城镇化对碳排放的影响 [J]. 中国人口·资源与环境，2013，23（11）：21-29.

附表

附录 A：辽宁中部城市群能源碳源排放统计表

表 A1 沈阳 2007 年分部门分能源碳源排放水平数据

产业	指标名称	原煤	洗精煤	其他洗煤	煤制品	焦炭	焦炉煤气	其他煤气	原油	汽油
	单位	（万 t）	（万 t）	（万 t）	（万 t）	（万 t）	（万 t）	亿 m³	（万 t）	（万 t）
第一产业	农、林、牧、渔业	2.49	0.00	0.00	0.00	0.00	0.00	0.00	0.00	1.76
第二产业	非金属矿物制造业	13.70	109.39	2.24	1.30	0.02	0.00	0.00	0.00	1.61
	电力、热力的生产和供应	795.32	4.76	1.09	0.00	0.03	0.00	0.00	0.00	0.18
	黑色金属冶炼及压延加工业	14.90	0.00	0.16	0.01	0.34	0.00	0.00	0.00	0.67
	化学原料及化学制品制造业	12.53	0.81	1.76	0.01	0.01	0.00	0.00	0.00	1.80
	石油加工、炼焦及核燃料加工	4.66	0.49	16.26	0.06	0.00	0.00	0.00	53.26	0.27
	有色金属冶炼及加工	4.00	0.65	1.25	0.01	0.50	0.00	0.00	0.00	0.80
	其他工业	196.41	9.00	10.24	0.93	8.66	0.00	0.00	0.00	23.76
	采矿业	803.21	0.07	8.52	0.00	0.00	0.00	0.00	0.00	0.17
第三产业	交通运输、仓储和邮政业	0.00	0.00	0.00	0.00	0.00	0.00	0.00	0.00	0.00
	批发、零售业和住宿、餐饮业	0.00	0.00	0.00	0.00	0.00	0.00	0.00	0.00	0.00
	其他服务业	1.10	0.01	0.00	0.00	0.00	0.00	0.00	0.00	0.34
生活消费	城 镇	0.88	0.00	0.00	0.00	0.00	0.00	0.00	0.00	0.00
	乡 村	14.73	0.00	0.00	0.00	0.00	0.00	0.00	0.00	0.00

续表 A1　沈阳 2007 年分部门分能源碳排放水平数据

产业	指标名称	煤油	柴油	燃料油	液化石油气	炼厂干气	天然气	其他石油制品	其他焦化产品	其他能源
单位		（万t）	（万t）	（万t）	（亿m³）	（亿m³）	（亿m³）	（万t）	（万t）	（万t标煤）
第一产业	农、林、牧、渔业	0.00	6.03	0.00	0.00	0.00	0.00	0.00	0.00	0.00
第二产业	非金属矿物制品制造业	0.00	3.18	1.33	0.00	0.00	1.88	0.00	0.00	0.00
	电力、热力的生产和供应	0.00	0.16	0.29	0.00	0.00	0.00	0.00	0.00	0.00
	黑色金属冶炼及压延加工业	0.00	0.48	0.04	0.00	0.00	0.00	0.00	0.00	0.00
	化学原料及化学制品制造业	0.00	1.82	0.15	0.00	0.00	0.07	0.00	0.00	0.00
	石油加工、炼焦及核燃料加工	0.00	0.33	0.04	0.01	0.00	0.00	0.00	0.00	0.00
	有色金属冶炼及加工	0.00	0.86	0.45	0.00	0.00	0.01	0.00	0.00	0.00
	其他工业	2.02	21.46	0.67	0.19	0.00	1.08	0.00	0.00	0.00
	采矿业	0.54	3.15	0.00	0.00	0.00	0.00	0.00	0.00	0.00
第三产业	交通运输、仓储和邮政业	0.00	0.00	0.00	0.00	0.00	0.00	0.00	0.00	0.00
	批发、零售业和住宿、餐饮业	0.00	0.00	0.00	0.00	0.00	0.00	0.00	0.00	0.00
	其他服务业	0.00	0.03	0.00	0.00	0.00	0.00	0.00	0.00	0.00
生活消费	城镇	0.00	0.00	0.00	2.33	0.00	2.34	0.00	0.00	0.00
	乡村	0.00	0.00	0.00	0.00	0.00	0.00	0.00	0.00	0.00

表 A2　沈阳 2008 年分部门分能源碳源排放水平数据

指标名称	原煤	洗精煤	其他洗煤	煤制品	焦炭	焦炉煤气	其他煤气	原油	汽油
单位	（万 t）	（万 t）	（万 t）	（万 t）	（万 t）	（万 t）	亿 m³	（万 t）	（万 t）
第一产业　农、林、牧、渔业	2.68	0.00	0.00	0.00	0.00	0.00	0.00	0.00	1.89
第二产业　非金属矿物制造业	14.73	117.62	2.41	1.40	0.02	0.00	0.00	0.00	1.73
电力、热力的生产和供应	855.18	5.12	1.17	0.00	0.03	0.00	0.00	0.00	0.20
黑色金属冶炼及压延工业	16.02	0.00	0.17	0.01	0.36	0.00	0.00	0.00	0.72
化学原料及化学制品制造业	13.47	0.87	1.89	0.02	0.01	0.00	0.00	0.00	1.94
石油加工、炼焦及核燃料加工	5.01	0.53	17.49	0.06	0.00	0.00	0.00	57.27	0.29
有色金属冶炼及加工	4.30	0.69	1.35	0.01	0.54	0.00	0.00	0.00	0.86
其他工业	211.20	9.68	11.01	1.00	9.31	0.00	0.00	0.00	25.54
采矿业	863.66	0.08	9.16	0.00	0.00	0.00	0.00	0.00	0.18
第三产业　交通运输、仓储和邮政业	0.00	0.00	0.00	0.00	0.00	0.00	0.00	0.00	0.00
批发、零售业和住宿、餐饮业	0.00	0.00	0.00	0.00	0.00	0.00	0.00	0.00	0.00
其他服务业	1.18	0.01	0.00	0.00	0.00	0.00	0.00	0.00	0.37
生活消费　城　镇	0.95	0.00	0.00	0.00	0.00	0.00	0.00	0.00	0.00
乡　村	15.84	0.00	0.00	0.00	0.00	0.00	0.00	0.00	0.00

续表 A2　沈阳 2008 年分部门分能源碳排放水平数据

产业	指标名称	单位	煤油 (万t)	柴油 (万t)	燃料油 (万t)	液化石油气 (亿m³)	炼厂干气 (亿m³)	天然气 (亿m³)	其他石油制品 (万t)	其他焦化产品 (万t)	其他能源 (万t标煤)
第一产业	农、林、牧、渔业		0.00	6.49	0.00	0.00	0.00	0.00	0.00	0.00	0.00
第二产业	非金属矿物制造业		0.00	3.42	1.43	0.00	0.00	2.03	0.00	0.00	0.00
	电力、热力的生产和供应		0.00	0.17	0.31	0.00	0.00	0.00	0.00	0.00	0.00
	黑色金属冶炼及压延加工工业		0.00	0.51	0.04	0.00	0.00	0.00	0.00	0.00	0.00
	化学原料及化学制品制造业		0.00	1.95	0.17	0.00	0.00	0.07	0.00	0.00	0.00
	石油加工、炼焦及核燃料加工		0.00	0.35	0.05	0.01	0.00	0.00	0.00	0.00	0.00
	有色金属冶炼及加工		0.00	0.93	0.48	0.00	0.00	0.01	0.00	0.00	0.00
	其他工业		2.17	23.08	0.72	0.20	0.00	1.16	0.00	0.00	0.00
	采矿业		0.58	3.39	0.00	0.00	0.00	0.00	0.00	0.00	0.00
第三产业	交通运输、仓储和邮政业		0.00	0.00	0.00	0.00	0.00	0.00	0.00	0.00	0.00
	批发、零售业和住宿、餐饮业		0.00	0.00	0.00	0.00	0.00	0.00	0.00	0.00	0.00
	其他服务业		0.00	0.03	0.00	0.00	0.00	0.00	0.00	0.00	0.00
生活消费	城镇		0.00	0.00	0.00	2.51	0.00	2.51	0.00	0.00	0.00
	乡村		0.00	0.00	0.00	0.00	0.00	0.00	0.00	0.00	0.00

表 A3　沈阳 2009 年分部门分能源碳排放水平数据

	指标名称	原煤	洗精煤	其他洗煤	煤制品	焦炭	焦炉煤气	其他煤气	原油	汽油
	单位	（万 t）	（万 t）	（万 t）	（万 t）	（万 t）	（万 t）	亿 m³	（万 t）	（万 t）
产业										
第一产业	农、林、牧、渔业	2.88	0.00	0.00	0.00	0.00	0.00	0.00	0.00	2.03
	非金属矿物制造业	15.84	126.47	2.59	1.51	0.03	0.00	0.00	0.00	1.86
	电力、热力的生产和供应	919.55	5.51	1.26	0.00	0.03	0.00	0.00	0.00	0.21
	黑色金属冶炼及压延加工业	17.23	0.00	0.19	0.01	0.39	0.00	0.00	0.00	0.77
	化学原料及化学制品制造业	14.48	0.93	2.03	0.02	0.01	0.00	0.00	0.00	2.08
第二产业	石油加工、炼焦及核燃料加工	5.39	0.57	18.81	0.07	0.00	0.00	0.00	61.58	0.31
	有色金属冶炼及加工	4.63	0.75	1.45	0.01	0.58	0.00	0.00	0.00	0.92
	其他工业	227.09	10.41	11.84	1.08	10.01	0.00	0.00	0.00	27.47
	采矿业	928.67	0.08	9.85	0.00	0.00	0.00	0.00	0.00	0.19
	交通运输、仓储和邮政业	0.00	0.00	0.00	0.00	0.00	0.00	0.00	0.00	0.00
第三产业	批发、零售业和住宿、餐饮业	0.00	0.01	0.00	0.00	0.00	0.00	0.00	0.00	0.00
	其他服务业	1.27	0.00	0.00	0.00	0.00	0.00	0.00	0.00	0.40
生活消费	城　镇	1.02	0.00	0.00	0.00	0.00	0.00	0.00	0.00	0.00
	乡　村	17.03	0.00	0.00	0.00	0.00	0.00	0.00	0.00	0.00

续表 A3　沈阳 2009 年分部门分能源碳源排放水平数据

产业	指标名称	单位	煤油	柴油	燃料油	液化石油气	炼厂干气	天然气	其他石油制品	其他焦化产品	其他能源
			（万 t）	（万 t）	（万 t）	（亿 m³）	（亿 m³）	（亿 m³）	（万 t）	（万 t）	（万 t标煤）
第一产业	农、林、牧、渔业		0.00	6.97	0.00	0.00	0.00	0.00	0.00	0.00	0.00
第二产业	非金属矿物制品业		0.00	3.68	1.54	0.00	0.00	2.18	0.00	0.00	0.00
	电力、热力的生产和供应		0.00	0.19	0.33	0.00	0.00	0.00	0.00	0.00	0.00
	黑色金属冶炼及压延加工工业		0.00	0.55	0.04	0.00	0.00	0.00	0.00	0.00	0.00
	化学原料及化学制品制造业		0.00	2.10	0.18	0.00	0.00	0.08	0.00	0.00	0.00
	石油加工、炼焦及核燃料加工		0.00	0.38	0.05	0.01	0.00	0.00	0.00	0.00	0.00
	有色金属冶炼及加工		0.00	1.00	0.52	0.00	0.00	0.01	0.00	0.00	0.00
	其他工业		2.33	24.81	0.77	0.22	0.00	1.25	0.00	0.00	0.00
	采矿业		0.62	3.64	0.00	0.00	0.00	0.00	0.00	0.00	0.00
第三产业	交通运输、仓储和邮政业		0.00	0.00	0.00	0.00	0.00	0.00	0.00	0.00	0.00
	批发、零售业和住宿、餐饮业		0.00	0.00	0.00	0.00	0.00	0.00	0.00	0.00	0.00
	其他服务业		0.00	0.03	0.00	0.00	0.00	0.00	0.00	0.00	0.00
生活消费	城　镇		0.00	0.00	0.00	2.69	0.00	2.70	0.00	0.00	0.00
	乡　村		0.00	0.00	0.00	0.00	0.00	0.00	0.00	0.00	0.00

表 A4　沈阳 2010 年分部门能源碳排放水平数据

产业	指标名称	原煤（万 t）	洗精煤（万 t）	其它洗煤（万 t）	煤制品（万 t）	焦炭（万 t）	焦炉煤气（万 t）	其他煤气（亿 m³）	原油（万 t）	汽油（万 t）
第一产业	农、林、牧、渔业	3.40		0.00	0.00	0.00	0.00	0.00	0.00	2.40
第二产业	非金属矿物制品制造业	18.69	149.24	3.06	1.78	0.03	0.00	0.00	0.00	2.19
	电力、热力的生产和供应	1085.07	6.50	1.49	0.00	0.04	0.00	0.00	0.00	0.25
	黑色金属冶炼及压延加工业	20.33	0.00	0.22	0.01	0.46	0.00	0.00	0.00	0.91
	化学原料及化学制品制造业	17.09	1.10	2.40	0.02	0.01	0.00	0.00	0.00	2.46
	石油加工、炼焦及核燃料加工	6.36	0.67	22.19	0.08	0.00	0.00	0.00	72.66	0.37
	有色金属冶炼及加工	5.46	0.88	1.71	0.01	0.68	0.00	0.00	0.00	1.09
	其他工业	267.97	12.28	13.97	1.27	11.81	0.00	0.00	0.00	32.41
	采矿业	1095.83	0.10	11.62	0.00	0.00	0.00	0.00	0.00	0.23
第三产业	交通运输、仓储和邮政业	—								
	批发、零售业和住宿、餐饮业	—								
	其他服务业	1.50	0.01	0.00	0.00	0.00	0.00	0.00	0.00	0.47
生活消费	城镇	1.20	0.00	0.00	0.00	0.00	0.00	0.00	0.00	0.00
	乡村	20.10								

续表 A4　沈阳 2010 年分部门分能源碳排放水平数据

产业	指标名称	单位	煤油（万 t）	柴油（万 t）	燃料油（万 t）	液化石油气（亿 m³）	炼厂干气（亿 m³）	天然气（亿 m³）	其他石油制品（万 t）	其他焦化产品（万 t）	其他能源（万 t 标煤）
第一产业	农、林、牧、渔业		0.00	8.23	0.00	0.00	0.00	0.00	0.00	0.00	0.00
第二产业	非金属矿物制造业		0.00	4.34	1.82	0.00	0.00	2.57	0.00	0.00	0.00
	电力、热力的生产和供应		0.00	0.22	0.39	0.00	0.00	0.00	0.00	0.00	0.00
	黑色金属冶炼及压延加工业		0.00	0.65	0.05	0.00	0.00	0.00	0.00	0.00	0.00
	化学原料及化学制品制造业		0.00	2.48	0.21	0.00	0.00	0.09	0.00	0.00	0.00
	石油加工、炼焦及核燃料加工		0.00	0.45	0.06	0.01	0.00	0.00	0.00	0.00	0.00
	有色金属冶炼及加工		0.00	1.18	0.61	0.00	0.00	0.01	0.00	0.00	0.00
	其他工业		2.75	29.28	0.91	0.26	0.00	1.47	0.00	0.00	0.00
	采矿业		0.73	4.30	0.00	0.00	0.00	0.00	0.00	0.00	0.00
第三产业	交通运输、仓储和邮政业										
	批发、零售业和住宿、餐饮业										
	其他服务业		0.00	0.04	0.00	0.00	0.00	0.00	0.00	0.00	0.00
生活消费	城　镇		0.00	0.00	0.00	3.18	0.00	3.19	0.00	0.00	0.00
	乡　村										

表A5 沈阳2011年分部门分能源碳排放水平数据

产业	指标名称	原煤（万t）	洗精煤（万t）	其它洗煤（万t）	煤制品（万t）	焦炭（万t）	焦炉煤气（万t）	其他煤气（亿m³）	原油（万t）	汽油（万t）
第一产业	农、林、牧、渔业	3.57	0.00	0.00	0.00	0.00	0.00	0.00	0.00	2.52
第二产业	非金属矿物制品业	19.62	156.70	3.21	1.87	0.03	0.00	0.00	0.00	2.30
	电力、热力的生产和供应	1139.32	6.83	1.56	0.00	0.04	0.00	0.00	0.00	0.26
	黑色金属冶炼及压延加工业	21.35	0.00	0.23	0.01	0.48	0.00	0.00	0.00	0.96
	化学原料及化学制品制造业	17.94	1.16	2.52	0.02	0.01	0.00	0.00	0.00	2.58
	石油加工、炼焦及核燃料加工	6.68	0.70	23.30	0.08	0.00	0.00	0.00	76.29	0.39
	有色金属冶炼及加工	5.73	0.92	1.80	0.01	0.71	0.00	0.00	0.00	1.14
	其他工业	281.37	12.89	14.67	1.33	12.40	0.00	0.00	0.00	34.03
	采矿业	1150.62	0.11	12.20	0.00	0.00	0.00	0.00	0.00	0.24
第三产业	交通运输、仓储和邮政业	0.00	0.00	0.00	0.00	0.00	0.00	0.00	0.00	0.00
	批发、零售业和住宿、餐饮业	0.00	0.00	0.00	0.00	0.00	0.00	0.00	0.00	0.00
	其他服务业	1.58	0.01	0.00	0.00	0.00	0.00	0.00	0.00	0.49
生活消费	城镇	1.26	0.00	0.00	0.00	0.00	0.00	0.00	0.00	0.00
	乡村	21.11	0.00	0.00	0.00	0.00	0.00	0.00	0.00	0.00

续表 A5　沈阳 2011 年分部门分能源碳排放水平数据

产业	指标名称	煤油	柴油	燃料油	液化石油气	炼厂干气	天然气	其他石油制品	其他焦化产品	其他能源
单位		（万 t）	（万 t）	（万 t）	（亿 m³）	（亿 m³）	（亿 m³）	（万吨）	（万 t）	（万 t 标煤）
第一产业	农、林、牧、渔业	0.00	8.64	0.00	0.00	0.00	0.00	0.00	0.00	0.00
第二产业	非金属矿物制造业	0.00	4.56	1.91	0.00	0.00	2.70	0.00	0.00	0.00
	电力、热力的生产和供应	0.00	0.23	0.41	0.00	0.00	0.00	0.00	0.00	0.00
	黑色金属冶炼及压延加工业	0.00	0.68	0.05	0.00	0.00	0.00	0.00	0.00	0.00
	化学原料及化学制品制造业	0.00	2.60	0.22	0.00	0.00	0.09	0.00	0.00	0.00
	石油加工、炼焦及核燃料加工	0.00	0.47	0.06	0.01	0.00	0.00	0.00	0.00	0.00
	有色金属冶炼及加工	0.00	1.24	0.64	0.00	0.00	0.01	0.00	0.00	0.00
	其他工业	2.89	30.74	0.96	0.27	0.00	1.54	0.00	0.00	0.00
	采矿业	0.77	4.52	0.00	0.00	0.00	0.00	0.00	0.00	0.00
第三产业	交通运输、仓储和邮政业	0.00	0.00	0.00	0.00	0.00	0.00	0.00	0.00	0.00
	批发、零售业和住宿、餐饮业	0.00	0.00	0.00	0.00	0.00	0.00	0.00	0.00	0.00
	其他服务业	0.00	0.04	0.00	0.00	0.00	0.00	0.00	0.00	0.00
生活消费	城　镇	0.00	0.00	0.00	3.34	0.00	3.35	0.00	0.00	0.00
	乡　村	0.00	0.00	0.00	0.00	0.00	0.00	0.00	0.00	0.00

表 A6 沈阳 2012 年分部门分能源碳排放水平数据

产业		指标名称	原煤	洗精煤	其他洗煤	煤制品	焦炭	焦炉煤气	其他煤气	原油	汽油
		单位	（万 t）	（万 t）	（万 t）	（万 t）	（万 t）	（万 t）	亿 m³	（万 t）	（万 t）
第一产业		农、林、牧、渔业	3.71	0.00	0.00	0.00	0.00	0.00	0.00	0.00	2.62
第二产业		非金属矿物制造业	20.41	162.97	3.34	1.94	0.03	0.00	0.00	0.00	2.39
		电力、热力的生产和供应	1184.90	7.10	1.63	0.00	0.04	0.00	0.00	0.00	0.27
		黑色金属冶炼及压延加工业	22.20	0.00	0.24	0.01	0.50	0.00	0.00	0.00	0.99
		化学原料及化学制品制造业	18.66	1.20	2.62	0.02	0.01	0.00	0.00	0.00	2.69
		石油加工、炼焦及核燃料加工	6.95	0.73	24.23	0.09	0.00	0.00	0.00	79.34	0.40
		有色金属冶炼及加工	5.96	0.96	1.87	0.01	0.74	0.00	0.00	0.00	1.19
		其他工业	292.62	13.41	15.26	1.39	12.90	0.00	0.00	0.00	35.39
		采矿业	1196.65	0.11	12.69	0.00	0.00	0.00	0.00	0.00	0.25
第三产业		交通运输、仓储和邮政业	0.00	0.00	0.00	0.00	0.00	0.00	0.00	0.00	0.00
		批发、零售业和住宿、餐饮业	0.00	0.01	0.00	0.00	0.00	0.00	0.00	0.00	0.00
		其他服务业	1.64	0.00	0.00	0.00	0.00	0.00	0.00	0.00	0.51
生活消费		城　镇	1.31	0.00	0.00	0.00	0.00	0.00	0.00	0.00	0.00
		乡　村	21.95	0.00	0.00	0.00	0.00	0.00	0.00	0.00	0.00

续表 A6　沈阳 2012 年分部门分能源碳排放水平数据

产业	指标名称	煤油	柴油	燃料油	液化石油气	炼厂干气	天然气	其他石油制品	其他焦化产品	其他能源
	单位	（万 t）	（万 t）	（万 t）	（亿 m³）	（亿 m³）	（亿 m³）	（万 t）	（万 t）	（万 t 标煤）
第一产业	农、林、牧、渔业	0.00	8.99	0.00	0.00	0.00	0.00	0.00	0.00	0.00
	非金属矿物制造业	0.00	4.74	1.99	0.00	0.00	2.81	0.00	0.00	0.00
	电力、热力的生产和供应	0.00	0.24	0.43	0.00	0.00	0.00	0.00	0.00	0.00
	黑色金属冶炼及压延加工业	0.00	0.71	0.05	0.00	0.00	0.00	0.00	0.00	0.00
	化学原料及化学制品制造业	0.00	2.71	0.23	0.00	0.00	0.10	0.00	0.00	0.00
第二产业	石油加工、炼焦及核燃料加工	0.00	0.49	0.07	0.01	0.00	0.00	0.00	0.00	0.00
	有色金属冶炼及加工	0.00	1.29	0.67	0.00	0.00	0.01	0.00	0.00	0.00
	其他工业	3.00	31.97	0.99	0.28	0.00	1.61	0.00	0.00	0.00
	采矿业	0.80	4.70	0.00	0.00	0.00	0.00	0.00	0.00	0.00
	交通运输、仓储和邮政业	0.00	0.00	0.00	0.00	0.00	0.00	0.00	0.00	0.00
第三产业	批发、零售业和住宿、餐饮业	0.00	0.04	0.00	0.00	0.00	0.00	0.00	0.00	0.00
	其他服务业	0.00	0.00	0.00	0.00	0.00	0.00	0.00	0.00	0.00
生活消费	城　镇	0.00	0.00	0.00	3.47	0.00	3.48	0.00	0.00	0.00
	乡　村	0.00	0.00	0.00	0.00	0.00	0.00	0.00	0.00	0.00

表 A7　沈阳 2013 年分部门分能源碳排放水平数据

	指标名称	原煤	洗精煤	其他洗煤	煤制品	焦炭	焦炉煤气	其他煤气	原油	汽油
产业	单位	（万 t）	（万 t）	（万 t）	（万 t）	（万 t）	（万 t）	亿 m³	（万 t）	（万 t）
第一产业	农、林、牧、渔业	3.84	0.00	0.00	0.00	0.00	0.00	0.00	0.00	2.71
第二产业	非金属矿物制造业	21.12	168.67	3.46	2.01	0.03	0.00	0.00	0.00	2.48
	电力、热力的生产和供应	1226.37	7.35	1.68	0.00	0.05	0.00	0.00	0.00	0.28
	黑色金属冶炼及压延加工业	22.98	0.00	0.25	0.01	0.52	0.00	0.00	0.00	1.03
	化学原料及化学制品制造业	19.32	1.24	2.71	0.02	0.01	0.00	0.00	0.00	2.78
	石油加工、炼焦及核燃料加工	7.19	0.76	25.08	0.09	0.00	0.00	0.00	82.12	0.42
	有色金属冶炼及加工	6.17	0.99	1.93	0.01	0.77	0.00	0.00	0.00	1.23
	其他工业	302.87	13.88	15.79	1.44	13.35	0.00	0.00	0.00	36.63
	采矿业	1238.53	0.11	13.13	0.00	0.00	0.00	0.00	0.00	0.26
第三产业	交通运输、仓储和邮政业	0.00	0.00	0.00	0.00	0.00	0.00	0.00	0.00	0.00
	批发、零售业和住宿、餐饮业	0.00	0.01	0.00	0.00	0.00	0.00	0.00	0.00	0.00
	其他服务业	1.70	0.00	0.00	0.00	0.00	0.00	0.00	0.00	0.53
生活消费	城　镇	1.36	0.00	0.00	0.00	0.00	0.00	0.00	0.00	0.00
	乡　村	22.72	0.00	0.00	0.00	0.00	0.00	0.00	0.00	0.00

续表 A7　沈阳 2013 年分部门分能源碳排放水平数据

产业	指标名称	单位	煤油 (万 t)	柴油 (万 t)	燃料油 (万 t)	液化石油气 (亿 m³)	炼厂干气 (亿 m³)	天然气 (亿 m³)	其他石油制品 (万吨)	其他焦化产品 (万 t)	其他能源 (万 t 标煤)
第一产业	农、林、牧、渔业		0.00	9.30	0.00	0.00	0.00	0.00	0.00	0.00	0.00
第二产业	非金属矿物制品制造业		0.00	4.91	2.06	0.00	0.00	2.90	0.00	0.00	0.00
	电力、热力的生产和供应		0.00	0.25	0.44	0.00	0.00	0.00	0.00	0.00	0.00
	黑色金属冶炼及压延加工业		0.00	0.73	0.06	0.00	0.00	0.00	0.00	0.00	0.00
	化学原料及化学制品制造业		0.00	2.80	0.24	0.00	0.00	0.10	0.00	0.00	0.00
	石油加工、炼焦及核燃料加工		0.00	0.51	0.07	0.01	0.00	0.00	0.00	0.00	0.00
	有色金属冶炼及加工		0.00	1.33	0.69	0.00	0.00	0.01	0.00	0.00	0.00
	其他工业		3.11	33.09	1.03	0.29	0.00	1.66	0.00	0.00	0.00
	采矿业		0.83	4.86	0.00	0.00	0.00	0.00	0.00	0.00	0.00
第三产业	交通运输、仓储和邮政业		0.00	0.00	0.00	0.00	0.00	0.00	0.00	0.00	0.00
	批发、零售业和住宿、餐饮业		0.00	0.00	0.00	0.00	0.00	0.00	0.00	0.00	0.00
	其他服务业		0.00	0.05	0.00	0.00	0.00	0.00	0.00	0.00	0.00
生活消费	城　镇		0.00	0.00	0.00	3.59	0.00	3.61	0.00	0.00	0.00
	乡　村		0.00	0.00	0.00	0.00	0.00	0.00	0.00	0.00	0.00

表 A8　沈阳 2014 年分部门分能源碳排放水平数据

产业	指标名称	单位	原煤 （万 t）	洗精煤 （万 t）	其他洗煤 （万 t）	煤制品 （万 t）	焦炭 （万 t）	焦炉煤气 （万 t）	其他煤气 亿 m³	原油 （万 t）	汽油 （万 t）
第一产业	农、林、牧、渔业		3.96	0.00	0.00	0.00	0.00	0.00	0.00	0.00	2.79
第二产业	非金属矿物制造业		21.76	173.73	3.56	2.07	0.03	0.00	0.00	0.00	2.55
	电力、热力的生产和供应		1263.16	7.57	1.73	0.00	0.05	0.00	0.00	0.00	0.29
	黑色金属冶炼及压延加工业		23.67	0.00	0.26	0.01	0.54	0.00	0.00	0.00	1.06
	化学原料及化学制品制造业		19.89	1.28	2.79	0.02	0.01	0.00	0.00	0.00	2.86
	石油加工、炼焦及核燃料加工		7.40	0.78	25.83	0.09	0.00	0.00	0.00	84.59	0.43
	有色金属冶炼及加工		6.36	1.02	1.99	0.01	0.79	0.00	0.00	0.00	1.27
	其他工业		311.95	14.30	16.26	1.48	13.75	0.00	0.00	0.00	37.73
	采矿业		1275.68	0.12	13.53	0.00	0.00	0.00	0.00	0.00	0.27
第三产业	交通运输、仓储和邮政业		0.00	0.00	0.00	0.00	0.00	0.00	0.00	0.00	0.00
	批发、零售业和住宿、餐饮业		0.00	0.00	0.00	0.00	0.00	0.00	0.00	0.00	0.00
	其他服务业		1.75	0.01	0.00	0.00	0.00	0.00	0.00	0.00	0.55
生活消费	城　镇		1.40	0.00	0.00	0.00	0.00	0.00	0.00	0.00	0.00
	乡　村		23.40	0.00	0.00	0.00	0.00	0.00	0.00	0.00	0.00

续表 A8　沈阳 2014 年分部门分能源碳排放水平数据

产业	指标名称	煤油	柴油	燃料油	液化石油气	炼厂干气	天然气	其他石油制品	其他焦化产品	其他能源
	单位	（万 t）	（万 t）	（万 t）	（亿 m³）	（亿 m³）	（亿 m³）	（万 t）	（万 t）	（万 t 标煤）
第一产业	农、林、牧、渔业	0.00	9.58	0.00	0.00	0.00	0.00	0.00	0.00	0.00
第二产业	非金属矿物制造业	0.00	5.05	2.12	0.00	0.00	2.99	0.00	0.00	0.00
	电力、热力的生产和供应	0.00	0.26	0.45	0.00	0.00	0.00	0.00	0.00	0.00
	黑色金属冶炼及压延加工业	0.00	0.76	0.06	0.00	0.00	0.00	0.00	0.00	0.00
	化学原料及化学制品制造业	0.00	2.89	0.24	0.00	0.00	0.10	0.00	0.00	0.00
	石油加工、炼焦及核燃料加工	0.00	0.52	0.07	0.01	0.00	0.00	0.00	0.00	0.00
	有色金属冶炼及加工	0.00	1.37	0.71	0.00	0.00	0.01	0.00	0.00	0.00
	其他工业	3.20	34.09	1.06	0.30	0.00	1.71	0.00	0.00	0.00
	采矿业	0.85	5.01	0.00	0.00	0.00	0.00	0.00	0.00	0.00
第三产业	交通运输、仓储和邮政业	0.00	0.00	0.00	0.00	0.00	0.00	0.00	0.00	0.00
	批发、零售业和住宿、餐饮业	0.00	0.05	0.00	0.00	0.00	0.00	0.00	0.00	0.00
	其他服务业	0.00	0.00	0.00	0.00	0.00	0.00	0.00	0.00	0.00
生活消费	城　镇	0.00	0.00	0.00	3.70	0.00	3.71	0.00	0.00	0.00
	乡　村	0.00	0.00	0.00	0.00	0.00	0.00	0.00	0.00	0.00

表 A9　鞍山 2010 年分部门能源活动水平数据

产业	指标名称	无烟煤	烟煤	褐煤	洗精煤	其他洗煤	煤制品	焦炭	焦炉煤气	其他煤气
单位		(万t)	(万t)	(万t)	(万t)	(万t)	(万t)	(万t)	(万t)	(亿m³)
第一产业	农、林、牧、渔业		12.03							
第二产业	非金属矿物制造业		249.58		34.58	0.23	0.10	278.36		
	电力、热力的生产和供应业		339.45		0.07	1.33		9.71	6.97	45.21
	黑色金属冶炼及压延加工业	164.70	210.40		20.74			830.36	20.81	198.06
	化学原料及化学制品制造业		9.29		0.22	0.07	0.01	2.98		
	油加工、炼焦及核燃料加工		9.40					0.10		
	色金属冶炼及加工		1.19					0.05		
	其他工业	5.85	130.97		1.29	1.03	0.08	61.88		
	建筑业		5.56							
第三产业	交通运输、仓储和邮政业		0.16							0.00
	批发、零售业和住宿、餐饮业		4.91							0.04
	其他服务业		28.56							0.11
生活消费	城镇		0.00							1.16
	乡村		25.00							0.00

续表 A9　鞍山 2010 年分部门能源活动水平数据

产业	指标名称	原油 (万t)	汽油 (万t)	煤油 (万t)	柴油 (万t)	燃料油 (万t)	液化石油气 (亿 m³)	炼厂干气 (亿 m³)	天然气 (亿 m³)	其他石油制品 (万t)	其他焦化产品 (万t)	其他能源 (万t 标煤)
第一产业	农、林、牧、渔业		6.16		0.24							
第二产业	非金属矿物制造业		0.92	0.07	9.03	8.12	0.01				20.20	
	电力、热力的生产和供应业				0.07	0.09					9.01	
	黑色金属冶炼及压延加工工业		1.11	0.01	10.20							
	化学原料及化学制品制造业		0.77		0.49		0.05				7.97	
	石油加工、炼焦及核燃料加工		0.02		0.02	0.05	0.13					
	有色金属冶炼及加工		0.11									
	其他工业		7.01		18.53	0.01	0.06					
	建筑业		1.24	0.02	4.78	0.03	0.08					
第三产业	交通运输、仓储和邮政业		0.46	0.01	40.30	0.01	0.50					
	批发、零售业和住宿、餐饮业		0.39	0.03	0.37	0.01	0.13					
	其他服务业		4.92		1.61	0.02	0.25					
生活消费	城镇		3.25	0.00	0.75	0.00	0.25		0.17			
	乡村		0.89	0.00	0.56	0.00	0.00					

表 A10 抚顺 2010 年分部门能源活动水平数据

产业	指标名称	单位	原煤（万 t）	洗精煤（万 t）	其他洗煤（万 t）	煤制品（万 t）	焦炭（万 t）	焦炉煤气（万 t）	其他煤气（亿 m³）	原油（万 t）	汽油（万 t）
第一产业	农、林、牧、渔业		0.66	0	0	0	0	0	0	0.00	0.02
第二产业	非金属矿物制品制造业		34.43	0.5	0.44	0.09	2.13	0	0.02	0.00	0.42
	电力、热力的生产和供应		978.41	0	0	0	0	0	0	0.00	0.00
	黑色金属冶炼及压延加工工业		71.51	0	3.63	0	174.49	0	6.29	0.00	0.04
	化学原料及化学制品制造业		6.75	0.07	0.03	0	0	0.13	0	0.00	0.47
	石油加工、炼焦及核燃料加工		95.67	0	0	0	0	0	0	1.79	0.12
	有色金属冶炼及加工		0.19	0	0	0	0.3	0	0	0.00	0.06
	其他工业		51.16	0.39	1.36	15.62	1.76	0.13	0.67	0.00	3.19
	采矿业		0.00	0	0	0	0	0	0	0.00	0.51
第三产业	交通运输、仓储和邮政业		0.00	0	0	0	0	0	0	0.00	2.93
	批发、零售业和住宿、餐饮业		1.31	0	0	0	0	0	0.01	0.00	0.34
	其他服务业		18.26	0	0	0	0	0	0.02	0.00	2.56
生活消费	城镇		0.14	0	0	0	0	0	0	0.00	6.50
	乡村		1.40	0	0	0	0	0	0	0.00	0.90

续表 A10 抚顺 2010 年分部门能源活动水平数据

产业	指标名称	单位	煤油（万t）	柴油（万t）	燃料油（万t）	液化石油气（亿m³）	煤厂干气（亿m³）	天然气（亿m³）	其他石油制品（万t）	其他焦化产品（万t）	其他能源（万t标煤）
第一产业	农、林、牧、渔业		0.00	0.03	0.00	0.00	0.00	0.00	0.00	0.00	0.00
第二产业	非金属矿物制造业		0.00	0.59	0.00	0.15	0.74	0.05	0.00	0.01	0.88
	电力、热力的生产和供应		0.00	0.00	5.54	0.00	10.02	0.00	0.00	0.45	0.00
	黑色金属冶炼及压延加工业		0.00	0.26	0.29	0.07	0.00	0.00	0.00	18.80	0.00
	化学原料及化学制品制造业		0.00	0.62	4.17	0.11	0.00	0.00	3.23	0.00	0.15
	石油加工、炼焦及核燃料加工		0.00	0.04	15.56	2.57	46.46	0.00	56.64	0.00	35.76
	有色金属冶炼及加工		0.00	0.08	0.57	0.04	0.00	0.00	6.96	0.00	0.00
	其他工业		0.00	5.86	4.18	1.79	0.00	0.02	3.99	0.46	0.81
	采矿业		0.00	0.64	0.01	0.01	0.00	0.00	0.00	0.00	0.00
第三产业	交通运输、仓储和邮政业		0.00	40.42	0.00	0.00	0.00	0.00	0.00	0.00	0.00
	批发、零售业和住宿、餐饮业		0.00	0.20	0.00	0.46	0.00	0.00	0.00	0.00	0.00
	其他服务业		0.01	0.54	0.06	0.08	0.00	0.00	0.00	0.00	0.00
生活消费	城镇		0.00	0.00	0.00	1.81	0.00	0.60	0.00	0.00	6.60
	乡村		0.00	0.00	0.00	0.05	0.00	0.00	0.00	0.00	0.00

表 A11　本溪 2010 年分部门能源活动水平数据

指标名称		原煤	洗精煤	其他洗煤	煤制品	焦炭	焦炉煤气	其他煤气	原油	汽油
单位		(万 t)	(万 t)	(万 t)	(万 t)	(万 t)	(万 t)	亿 m³	(万 t)	(万 t)
第一产业	农、林、牧、渔业	2.60								0.41
第二产业	非金属矿物制造业									
	电力、热力的生产和供应	144.30		3.97			10.84			
	黑色金属冶炼及压延加工业		12.32	1.33	1.37	993.92	17.28			
	化学原料及化学制品制造业	1.20								
	石油加工、炼焦及核燃料加工									
	有色金属冶炼及加工	2.60								
	其他工业	2.80								1.93
	采矿业	0.04								0.33
第三产业	交通运输、仓储和邮政业									3.00
	批发、零售业和住宿、餐饮业	2.08								0.53
	其他服务业									0.92
生活消费	城　镇	7.11								0.83
	乡　村	14.90								

续表 A11　本溪 2010 年分部门能源活动水平数据

产业	指标名称	煤油	柴油	燃料油	液化石油气	炼厂干气	天然气	其他石油制品	其他焦化产品	其他能源
	单位	（万 t）	（万 t）	（万 t）	（亿 m³）	（亿 m³）	（亿 m³）	（万 t）	（万 t）	（万 t标煤）
第一产业	农、林、牧、渔业		0.08							
第二产业	非金属矿物制品业									
	电力、热力的生产和供应									
	黑色金属冶炼及压延加工业									
	化学原料及化学制品制造业									
	石油加工、炼焦及核燃料加工									
	有色金属冶炼及加工									
	其他工业	0.01	15.33	0.03	0.03					
	采矿业		2.84		0.04					
第三产业	交通运输、仓储和邮政业		16.31							
	批发、零售业和住宿、餐饮业				1.72					
	其他服务业				1.82					
生活消费	城　镇				0.80					
	乡　村									

表 A12　辽阳 2010 年分部门能源活动水平数据

产业	指标名称	单位	原煤（万t）	洗精煤（万t）	其他洗煤（万t）	煤制品（万t）	焦炭（万t）	焦炉煤气（万t）	其他煤气（亿m³）	原油（万t）	汽油（万t）
第一产业	农、林、牧、渔业		1.80								1.20
第二产业	非金属矿物制造业										
	电力、热力的生产和供应		104.30		2.56			10.84			
	黑色金属冶炼及压延加工业			10.8	0.93	1.35	103.4	2.89			
	化学原料及化学制品制造业		108.20	105.4							
	石油加工、炼焦及核燃料加工										
	有色金属冶炼及加工		1.80								1.60
	其他工业		3.40								1.80
	采矿业		0.04								2.00
第三产业	交通运输、仓储和邮政业										0.00
	批发、零售业和住宿、餐饮业		2.08								0.50
	其他服务业										0.68
生活消费	城　镇		10.40								
	乡　村		11.20								

续表 A12 辽阳 2010 年分部门能源活动水平数据

产业	指标名称	单位	煤油	柴油	燃料油	液化石油气	炼厂干气	天然气	其他石油制品	其他焦化产品	其他能源
			（万 t）	（万 t）	（万 t）	（亿 m³）	（亿 m³）	（亿 m³）	（万 t）	（万 t）	（万 t 标煤）
第一产业	农、林、牧、渔业			0.10							
第二产业	非金属矿物制品业										
	电力、热力的生产和供应										
	黑色金属冶炼及压延加工业										
	化学原料及化学制品制造业		20.80	18.60				35.00			
	石油加工、炼焦及核燃料加工										
	有色金属冶炼及加工										
	其他工业		0.10	14.50	0.10	0.05					
	采矿业			5.67		0.06					
第三产业	交通运输、仓储和邮政业			15.20							
	批发、零售业和住宿、餐饮业					1.62					
	其他服务业					1.90					
生活消费	城 镇					1.80					
	乡 村										

表 A13 营口 2010 年分部门能源活动水平数据

产业	指标名称	单位	原煤	洗精煤	其他洗煤	煤制品	焦炭	焦炉煤气	其他煤气	原油	汽油
			（万 t）	（万 t）	（万 t）	（万 t）	（万 t）	（万 t）	亿 m³	（万 t）	（万 t）
第一产业	农、林、牧、渔业		6.85	0	0	0	0	0	0	0.00	0.87
第二产业	非金属矿物制造业										
	电力、热力的生产和供应		716.15					1.25			
	黑色金属冶炼及压延加工业										
	化学原料及化学制品制造业										
	石油加工、炼焦及核燃料加工										
	有色金属冶炼及加工										
	其他工业		275.21	39.87	1.775	0.0641	387.92	9.15	0	0.00	2.34
	采矿业		0.86	0	0	0	0	0	0	0.00	1.79
第三产业	交通运输、仓储和邮政业		11.65	0	0	0	0	0	0	0.00	13.98
	批发、零售业和住宿、餐饮业		2.51	0	0	0	0	0	0	0.00	0.65
	其他服务业		14.11	0	0	0	0	0	0	0.00	5.83
生活消费	城 镇		15.51	0	0	0	0	0	0	0.00	1.75
	乡 村		41.68	0	0	0	0	0	0	0.00	1.06

续表 A13　营口 2010 年分部门能源活动水平数据

产业	指标名称	煤油（万 t）	柴油（万 t）	燃料油（万 t）	液化石油气（亿 m³）	炼厂干气（亿 m³）	天然气（亿 m³）	其他石油制品（万 t）	其他焦化产品（万 t）	其他能源（万 t 标煤）
第一产业	农、林、牧、渔业	0.00	3.89	0.00	0.00	0.00	0.00	0.00	0.00	0.00
第二产业	非金属矿物制造业			0.06						
	电力、热力的生产和供应									
	黑色金属冶炼及压延加工工业									
	化学原料及化学制品制造业									
	石油加工、炼焦及核燃料加工									
	有色金属冶炼及加工									
	其他工业	0.01	5.42	8.75	0.68	0.00	0.02	15.69	12.71	
	采矿业	0.03	3.69	0.41	0.03	0.00	0.00	0.00	0.00	
第三产业	交通运输、仓储和邮政业	0.00	63.27	7.48	0.11	0.00	0.02	0.00	0.00	
	批发、零售业和住宿、餐饮业	0.01	0.62	0.01	7.50	0.00	0.14	0.00	0.00	
	其他服务业	0.02	1.22	0.05	2.97	0.00	0.33	0.00	0.00	
生活消费	城　镇	0.00	1.60	0.00	2.18	0.00	0.41	0.00	0.00	
	乡　村	0.00	2.99	0.00	1.91	0.00	0.07	0.00	0.00	

表 A14　铁岭 2010 年分部门能源活动水平数据

产业	指标名称	原煤	洗精煤	其他洗煤	煤制品	焦炭	焦炉煤气	其他煤气	原油	汽油
	单位	（万 t）	（万 t）	（万 t）	（万 t）	（万 t）	（万 t）	亿 m^3	（万 t）	（万 t）
第一产业	农、林、牧、渔业	10.13	0	0	0	0	0	0	0.00	2.53
	非金属矿物制造业	29.56	0.03	0.02	0.32	0	0	0	0.00	0.14
	电力、热力的生产和供应	488.10	0	529.71	0	0	0	0	0.00	0.03
	黑色金属冶炼及压延加工工业	12.56	1.23	0.22	0	12.72	0	0	0.00	0.03
第二产业	化学原料及化学制品制造业	7.56	0.01	0.8	0	0	0	0	0.00	0.07
	石油加工、炼焦及核燃料加工	0.57	0	0	0	0	0	0	0.00	0.00
	有色金属冶炼及加工	18.89	0	0	0	0	0	0.01	0.00	0.03
	其他工业	144.66	0.24	1.26	0.06	1.78	0	0	0.00	1.67
	采矿业	4.39	0	0	0	0	0	0	0.00	0.84
	交通运输、仓储和邮政业	2.76	0	0	0	0	0	0	0.00	11.69
第三产业	批发、零售业和住宿、餐饮业	7.69	0	0	0	0	0	0	0.00	0.01
	其他服务业	7.16	0	0	0	0	0	0	0.00	6.56
生活消费	城　镇	3.75	0	0	0	0	0	0.33	0.00	0.00
	乡　村	0.94	0	0.85	0	0	0	0	0.00	0.00

续表 A14　铁岭 2010 年分部门能源活动水平数据

产业	指标名称	煤油（万t）	柴油（万t）	燃料油（万t）	液化石油气（亿m³）	炼厂干气（亿m³）	天然气（亿m³）	其他石油制品（万t）	其他焦化产品（万t）	其他能源（万t标煤）
第一产业	农、林、牧、渔业	0.00	14.04	0.00	0.00	0.00	0.00	0.00	0.00	0.00
第二产业	非金属矿物制造业	0.00	0.16	0.02	0.00	0.00	0.00	0.00	0.00	0.00
	电力、热力的生产和供应	0.00	0.34	0.11	0.00	0.00	0.00	0.00	0.00	0.00
	黑色金属冶炼及压延加工业	0.00	0.04	0.00	0.00	0.00	0.00	0.00	0.00	0.00
	化学原料及化学品制造业	0.00	0.10	0.00	0.00	0.00	0.00	0.00	0.00	0.00
	石油加工、炼焦及核燃料加工	0.00	0.00	0.00	0.00	0.00	0.00	0.00	0.00	0.00
	有色金属冶炼及加工	0.00	0.05	0.00	0.00	0.00	0.00	0.00	0.00	0.00
	其他工业	0.00	2.28	0.00	0.08	0.00	0.00	0.00	0.00	0.00
	采矿业	0.00	0.63	0.00	0.00	0.00	0.00	0.00	0.00	0.00
第三产业	交通运输、仓储和邮政业	0.00	12.69	0.00	0.00	0.00	0.00	0.00	0.00	0.00
	批发、零售业和住宿、餐饮业	0.00	0.00	0.00	0.63	0.00	0.00	0.00	0.00	0.00
	其他服务业	0.00	4.00	0.00	0.00	0.00	0.00	0.00	0.00	0.00
生活消费	城　镇	0.00	0.00	0.00	1.12	0.00	0.00	0.00	0.00	0.00
	乡　村	0.00	0.00	0.00	0.52	0.00	0.00	0.00	0.00	0.00

附录 B：辽宁中部城市群植物样地数据

表 B1a　辽阳植物样地数据

辽阳样地（阔叶混交林）			辽阳样地（阔叶混交林）			辽阳样地（阔叶混交林）		
序号	树种	胸径（cm）	序号	树种	胸径（cm）	序号	树种	胸径（cm）
1	花曲柳	5.1	1	椴树	6.8	1	花曲柳	18.9
2	油松	8.8	2	花曲柳	6.1	2	油松	26.5
3	花曲柳	12.0	3	杨树	8.4	3	椴树	12.2
4	杂木	29.8	4	油松	8.1	4	杨树	31.7
5	杨树	26.6	5	油松	5.2	5	柳树	27.3
6	花曲柳	31.2	6	油松	19.2	6	杨树	14.3
7	椴树	13.8	7	柞树	46.0	7	柳树	22.5
8	杂木	24.3	8	油松	26.0	8	榆树	34.9
9	榆树	16.0	9	椴树	6.8	9	花曲柳	5.3
10	柞树	11.3	10	榆树	42.7	10	花曲柳	12.0
11	榆树	41.0	11	柳树	8.5	11	榆树	5.7
12	花曲柳	15.4	12	油松	5.8	12	花曲柳	19.6
13	柳树	5.9	13	杂木	15.4	13	榆树	22.4
14	椴树	10.5	14	杂木	15.3	14	杨树	28.9
15	榆树	14.0	15	榆树	5.1	15	花曲柳	7.6
16	榆树	11.5	16	柳树	7.4	16	花曲柳	27.5
17	花曲柳	19.8	17	椴树	26.4	17	花曲柳	5.1
18	柞树	19.9	18	油松	6.5	18	柳树	5.0
19	柳树	34.0	19	杂木	11.2	19	花曲柳	8.8
20	油松	48.9	20	榆树	13.7	20	花曲柳	5.5
21	榆树	26.4	21	杂木	11.0	21	榆树	39.6
22	油松	22.1	22	油松	11.4	22	杨树	7.2
23	柞树	32.9	23	杂木	8.7	23	花曲柳	13.9
24	杂木	12.4	24	杂木	46.0	24	榆树	6.3
25	杨树	5.5	25	柳树	13.7	25	油松	10.3
26	柞树	13.2	26	杂木	24.8	26	花曲柳	17.4
27	杂木	10.0	27	杨树	30.0	27	椴树	15.3
28	杂木	18.5	28	油松	5.2	28	椴树	5.7
29	花曲柳	8.1	29	油松	5.8	29	杨树	6.4

续表 B1a　辽阳植物样地数据

辽阳样地（阔叶混交林）			辽阳样地（阔叶混交林）			辽阳样地（阔叶混交林）		
序号	树种	胸径（cm）	序号	树种	胸径（cm）	序号	树种	胸径（cm）
30	柳树	17.1	30	杂木	14.8	30	杂木	19.2
31	柞树	14.1	31	杂木	22.5	31	杨树	6.0
32	柞树	6.6	32	柳树	12.8	32	油松	5.2
33	椴树	29.6	33	柳树	7.5	33	杨树	14.9
34	杂木	11.8	34	油松	7.4	34	柞树	9.3
35	杂木	23.0	35	油松	5.6	35	杂木	28.1
36	油松	16.8				36	油松	14.9
37	油松	18.2				37	杂木	44.3
38	花曲柳	24.1				38	杨树	8.4
39	柞树	15.8				39	杂木	15.6
40	榆树	15.6				40	椴树	31.4
41	柳树	17.3				41	花曲柳	24.3
42	榆树	16.0				42	榆树	18.2
43	油松	40.9				43	榆树	17.6
44	油松	17.6				44	榆树	10.2
45	椴树	66.1				45	杂木	11.4
46	柳树	13.4				46	杨树	13.5
47	杂木	21.2				47	柞树	36.1
48	榆树	14.5				48	柞树	34.9
49	花曲柳	19.5						
50	油松	25.9						
51	杂木	9.9						
52	杨树	6.7						
53	油松	17.1						
54	油松	13.9						
55	杂木	24.9						
56	油松	18.4						
57	花曲柳	11.4						
58	油松	5.1						
59	柳树	18.1						
60	油松	5.3						

表 B1b　辽阳植物样地数据

辽阳样地（柞林）			辽阳样地（柞林）		
序号	树种	胸径（cm）	序号	树种	胸径（cm）
1	柞树	14.5	1	柞树	20.0
2	柞树	9.2	2	柞树	18.7
3	柞树	8.7	3	柞树	17.0
4	柞树	4.4	4	柞树	16.4
5	柞树	8.8	5	柞树	14.9
6	柞树	7.0	6	柞树	16.1
7	柞树	8.4	7	柞树	16.7
8	柞树	4.6	8	柞树	19.2
9	柞树	5.9	9	柞树	15.7
10	柞树	7.1	10	柞树	15.1
11	柞树	6.9	11	柞树	17.5
12	柞树	6.0	12	柞树	17.0
13	柞树	4.9	13	柞树	18.8
14	柞树	6.7	14	柞树	15.7
15	柞树	10.0	15	柞树	15.2
16	柞树	8.2	16	柞树	20.2
17	柞树	5.4	17	柞树	18.7
18	柞树	7.1	18	柞树	16.8
19	柞树	8.0	19	柞树	16.7
20	柞树	9.2	20	柞树	17.4
21	柞树	5.3	21	柞树	18.4
22	柞树	9.4	22	柞树	16.2
23	柞树	6.4	23	柞树	15.4
24	柞树	8.7	24	柞树	18.2
25	柞树	7.1	25	柞树	16.0
26	柞树	4.9	26	柞树	17.9
27	柞树	5.0	27	柞树	16.6
28	柞树	7.6	28	柞树	14.7
29	柞树	7.4	29	柞树	19.5
30	柞树	9.2	30	柞树	17.2
31	柞树	5.2	31	柞树	16.0
32	柞树	4.7	32	柞树	18.9
33	柞树	7.6	33	柞树	18.8
34	柞树	4.5	34	柞树	20.0
35	柞树	10.1	35	柞树	19.7
36	柞树	7.1	36	柞树	20.2
37	柞树	5.4	37	柞树	15.1
38	柞树	10.0	38	柞树	16.0
39	柞树	8.8	39	柞树	16.0

续表 B1b　辽阳植物样地数据

辽阳样地（柞林）			辽阳样地（柞林）		
40	柞树	10.1	40	柞树	20.2
序号	树种	胸径（cm）	序号	树种	胸径（cm）
41	柞树	8.5	41	柞树	20.1
42	柞树	8.5	42	柞树	15.2
43	柞树	7.4	43	柞树	15.3
44	柞树	9.6	44	柞树	16.1
45	柞树	7.2	45	柞树	17.6
46	柞树	7.4	46	柞树	18.6
47	柞树	8.3	47	柞树	16.3
48	柞树	8.9	48	柞树	16.4
49	柞树	6.1	49	柞树	18.0
50	柞树	6.5	50	柞树	15.1
51	柞树	9.6	51	柞树	15.4
52	柞树	7.3	52	柞树	19.9
53	柞树	7.4			
54	柞树	8.2			
55	柞树	4.8			
56	柞树	8.2			
57	柞树	5.7			
58	柞树	6.5			
59	柞树	9.1			
60	柞树	5.8			
61	柞树	6.7			
62	柞树	5.9			
63	柞树	4.7			
64	柞树	5.4			
65	柞树	9.6			
66	柞树	6.7			
67	柞树	7.4			
68	柞树	7.0			
69	柞树	8.6			
70	柞树	8.8			
71	柞树	4.3			
72	柞树	7.1			
73	柞树	6.1			
74	柞树	4.4			
75	柞树	8.5			
76	柞树	6.5			
77	柞树	8.8			
78	柞树	7.8			
79	柞树	9.1			
80	柞树	7.5			
81	柞树	6.2			

表 B2a　鞍山植物样地数据

鞍山样地（柞林）			鞍山样地（阔叶混交林）		
序号	树种	胸径（cm）	序号	树种	胸径（cm）
1	柞树	13.4	1	椴树	34.3
2	柞树	12.0	2	油松	24.2
3	柞树	11.1	3	杂木	11.3
4	柞树	12.7	4	杨树	11.4
5	柞树	13.2	5	椴树	42.6
6	柞树	8.2	6	油松	6.4
7	柞树	11.7	7	花曲柳	11.3
8	柞树	12.0	8	柞树	34.2
9	柞树	12.5	9	榆树	38.6
10	柞树	8.5	10	油松	5.3
11	柞树	13.5	11	柳树	7.3
12	柞树	10.6	12	榆树	34.3
13	柞树	13.2	13	花曲柳	6.2
14	柞树	9.9	14	花曲柳	9.4
15	柞树	9.5	15	柳树	5.7
16	柞树	10.0	16	油松	13.8
17	柞树	11.4	17	榆树	27.9
18	柞树	12.2	18	柳树	26.0
19	柞树	9.2	19	杨树	11.2
20	柞树	10.6	20	杨树	33.7
21	柞树	12.6	21	杂木	11.3
22	柞树	12.5	22	柳树	5.2
23	柞树	8.4	23	油松	5.4
24	柞树	9.3	24	油松	12.5
25	柞树	12.6	25	榆树	6.2
26	柞树	8.7	26	柳树	33.6
27	柞树	10.9	27	杨树	37.3
28	柞树	10.8	28	花曲柳	15.2
29	柞树	11.0	29	花曲柳	5.1
30	柞树	11.1	30	椴树	10.4
31	柞树	12.5	31	油松	5.4

续表 B2a　鞍山植物样地数据

鞍山样地（柞林）			鞍山样地（阔叶混交林）		
32	柞树	11.3	32	柳树	15.1
序号	树种	胸径（cm）	序号	树种	胸径（cm）
33	柞树	10.1	33	椴树	17.6
34	柞树	12.9	34	油松	5.4
35	柞树	9.5	35	榆树	24.3
36	柞树	13.8	36	柞树	11.3
37	柞树	9.9	37	油松	8.6
38	柞树	13.5	38	柞树	11.2
39	柞树	10.7	39	杨树	42.7
40	柞树	13.0	40	榆树	17.2
41	柞树	12.5	41	杨树	26.3
42	柞树	12.4	42	榆树	14.3
43	柞树	10.5	43	柞树	39.8
44	柞树	13.0	44	榆树	29.3
45	柞树	9.7	45	杨树	14.6
46	柞树	9.6	46	榆树	18.1
47	柞树	10.4	47	油松	5.4
48	柞树	12.5	48	油松	28.3
49	柞树	9.5	49	椴树	40.4
50	柞树	10.5	50	柳树	14.8
51	柞树	9.7	51	榆树	11.2
52	柞树	12.7	52	柞树	14.5
53	柞树	8.1	53	柳树	13.4
54	柞树	12.1	54	柞树	12.5
55	柞树	13.3	55	椴树	20.3
56	柞树	13.7	56	椴树	21.2
57	柞树	12.9	57	花曲柳	31.2
58	柞树	13.7	58	柞树	11.2
59	柞树	9.0	59	花曲柳	38.3
60	柞树	8.1	60	杨树	35.1
61	柞树	11.2	61	杂木	22.1
62	柞树	9.3	62	油松	33.2

续表 B2a　鞍山植物样地数据

鞍山样地（柞林）			鞍山样地（阔叶混交林）		
序号	树种	胸径（cm）	序号	树种	胸径（cm）
63	柞树	13.2	63	杂木	12.6
64	柞树	11.1	64	杨树	9.8
65	柞树	11.6	65	油松	7.2
66	柞树	9.4	66	油松	5.0
67	柞树	12.0	67	油松	16.7
68	柞树	9.0			
69	柞树	11.5			
70	柞树	13.3			
71	柞树	10.9			
72	柞树	11.1			
73	柞树	12.0			
74	柞树	12.6			
75	柞树	9.8			
76	柞树	10.2			
77	柞树	13.3			
78	柞树	11.0			
79	柞树	11.1			
80	柞树	11.9			
81	柞树	8.5			
82	柞树	11.9			
83	柞树	9.4			
84	柞树	10.2			
85	柞树	12.8			
86	柞树	9.5			
87	柞树	10.4			
88	柞树	9.6			
89	柞树	8.4			
90	柞树	9.1			
91	柞树	13.3			
92	柞树	10.4			

表 B2b　鞍山植物样地数据

鞍山样地（阔叶混交林）			鞍山样地（阔叶混交林）			鞍山样地（阔叶混交林）		
序号	树种	胸径（cm）	序号	树种	胸径（cm）	序号	树种	胸径（cm）
1	花曲柳	8.9	1	柳树	40.0	1	花曲柳	16.1
2	花曲柳	7.6	2	柳树	26.5	2	杂木	6.2
3	杂木	5.2	3	榆树	6.2	3	椴树	12.3
4	椴树	5.3	4	榆树	6.1	4	椴树	26.1
5	花曲柳	5.2	5	椴树	15.7	5	杨树	5.3
6	椴树	5.4	6	榆树	7.3	6	杨树	12.5
7	杂木	5.2	7	柳树	11.1	7	杂木	24.2
8	油松	5.1	8	油松	13.9	8	柳树	5.3
9	花曲柳	5.2	9	花曲柳	21.6	9	油松	7.9
10	杨树	5.0	10	柳树	6.2	10	油松	10.4
11	杂木	5.2	11	杨树	8.2	11	榆树	12.3
12	油松	6.7	12	杂木	5.2	12	油松	11.9
13	柞树	28.4	13	榆树	9.3	13	榆树	6.5
14	榆树	37.2	14	椴树	5.0	14	椴树	6.2
15	柞树	6.4	15	油松	23.2	15	柞树	16.3
16	榆树	8.4	16	椴树	5.8	16	油松	7.3
17	花曲柳	5.9	17	花曲柳	12.1	17	柞树	5.9
18	杂木	5.4	18	杂木	5.1	18	柞树	5.2
19	油松	9.9	19	柞树	16.2	19	柳树	5.6
20	柞树	11.9	20	杨树	11.3	20	椴树	27.9
21	油松	5.1	21	柳树	14.2	21	椴树	6.2
22	柳树	20.2	22	柞树	15.4	22	榆树	33.6
23	柳树	34.7	23	椴树	14.3	23	榆树	6.1
24	杂木	9.9	24	椴树	13.2	24	油松	5.6
25	花曲柳	8.4	25	油松	12.3	25	椴树	11.3
26	油松	7.9	26	花曲柳	6.4	26	杨树	6.3
27	柞树	10.2	27	油松	8.7	27	油松	27.2
28	花曲柳	10.4	28	杂木	9.1	28	花曲柳	7.2
29	柞树	14.5	29	椴树	35.9	29	柳树	28.4
30	柳树	16.2	30	柞树	5.2	30	花曲柳	5.2
31	柳树	24.2	31	柳树	16.3	31	椴树	7.2
32	杂木	38.4	32	杨树	18.4	32	椴树	6.7
33	花曲柳	7.2	33	杨树	5.7	33	油松	7.8
34	柳树	23.4	34	榆树	11.2	34	杂木	6.3
35	油松	33.9	35	柞树	13.2	35	杨树	6.5
36	柳树	24.1	36	柞树	11.1	36	椴树	8.5
37	柳树	36.4	37	榆树	6.2	37	榆树	11.2
38	柞树	5.7	38	柞树	7.2	38	柳树	8.9
39	杨树	15.9	39	杨树	10.2	39	油松	7.6

续表 B2b　鞍山植物样地数据

序号	树种	胸径（cm）	序号	树种	胸径（cm）	序号	树种	胸径（cm）
	鞍山样地（阔叶混交林）			鞍山样地（阔叶混交林）			鞍山样地（阔叶混交林）	
40	榆树	36.4	40	杂木	35.1	40	油松	9.9
41	杂木	12.1	41	榆树	5.1	41	杨树	6.4
42	榆树	15.4	42	柞树	13.9	42	椴树	5.8
43	杨树	11.2	43	油松	35.4	43	椴树	5.3
44	榆树	15.1	44	榆树	5.6	44	杂木	7.9
45	柞树	15.1	45	杂木	5.8	45	油松	8.4
46	杂木	18.1	46	杂木	18.2	46	柞树	9.9
47	榆树	18.0	47	花曲柳	9.6	47	柳树	7.9
48	杂木	27.1	48	杨树	12.3	48	杨树	9.1
49	柳树	18.2	49	柳树	10.5	49	柳树	7.2
50	榆树	14.2	50	柳树	8.2	50	油松	8.3
51	杂木	26.6	51	花曲柳	16.8	51	椴树	5.0
52	榆树	18.0	52	花曲柳	12.3	52	椴树	14.0
53	杂木	35.7	53	椴树	7.4	53	油松	6.1
54	椴树	5.4	54	杨树	5.2	54	杂木	15.6
55	杂木	7.4	55	杂木	31.0	55	椴树	7.1
56	杂木	7.3	56	花曲柳	12.7	56	椴树	5.1
57	杨树	8.5	57	杨树	7.4	57	椴树	5.2
58	油松	8.5	58	花曲柳	28.7	58	油松	19.4
59	杂木	15.2	59	柳树	8.7	59	杂木	14.7
60	榆树	31.2	60	榆树	7.2	60	油松	8.0
61	榆树	5.3	61	杂木	6.4	61	杨树	18.2
62	榆树	5.4	62	花曲柳	26.5	62	杂木	15.9
63	榆树	5.0	63	杨树	15.1	63	油松	6.2
64	柳树	5.4	64	椴树	39.9	64	椴树	39.9
65	柞树	6.1	65	榆树	17.2	65	榆树	17.2
66	柳树	13.1	66	椴树	5.3	66	椴树	5.3
67	杂木	28.5	67	油松	5.2	67	油松	5.2
68	柳树	16.7	68	杨树	25.6	68	杨树	25.6
69	榆树	8.9	69	油松	13.2	69	油松	13.2
70	杂木	5.6	70	柳树	27.2	70	柳树	27.2
71	柳树	5.3	71	椴树	6.4	71	椴树	6.4
72	榆树	5.9	72	柳树	21.2	72	柳树	21.2
73	杨树	6.1	73	杂木	6.5			
74	榆树	6.2	74	杨树	21.4			
75	柞树	5.0	75	柞树	40.1			
76	椴树	6.1	76	榆树	25.2			
77	椴树	5.9	77	花曲柳	25.3			
78	油松	5.4	78	椴树	7.8			
79	花曲柳	6.2	79	杨树	7.4			
80	油松	5.8	80	杂木	10.2			
81	杂木	5.1						

表 B3a　本溪植物样地数据

本溪样地（红松林）			本溪样地（红松林）			本溪样地（红松林）		
序号	树种	胸径（cm）	序号	树种	胸径（cm）	序号	树种	胸径（cm）
1	红松	23.8	1	红松	27.8	1	红松	27.5
2	红松	22.9	2	红松	29.5	2	红松	30.7
3	红松	26.5	3	红松	27.3	3	红松	27.9
4	红松	23.7	4	红松	26.1	4	红松	26.9
5	红松	24.8	5	红松	27.0	5	红松	29.9
6	红松	25.7	6	红松	25.2	6	红松	32.2
7	红松	23.8	7	红松	25.2	7	红松	26.6
8	红松	23.7	8	红松	28.6	8	红松	26.3
9	红松	24.8	9	红松	26.8	9	红松	31.8
10	红松	28.2	10	红松	30.0	10	红松	30.9
11	红松	25.1	11	红松	25.0	11	红松	30.4
12	红松	25.6	12	红松	28.4	12	红松	30.7
13	红松	25.7	13	红松	28.5	13	红松	29.6
14	红松	25.7	14	红松	26.3	14	红松	28.2
15	红松	23.1	15	红松	25.5	15	红松	29.6
16	红松	23.4	16	红松	28.4	16	红松	26.9
17	红松	24.5	17	红松	27.0	17	红松	29.2
18	红松	27.2	18	红松	27.3	18	红松	30.1
19	红松	25.5	19	红松	25.5	19	红松	27.0
20	红松	25.1	20	红松	27.1	20	红松	27.1
21	红松	26.9	21	红松	27.3	21	红松	27.2
22	红松	22.9	22	红松	27.2	22	红松	28.9
23	红松	23.0	23	红松	28.9			
24	红松	22.9	24	红松	27.5			
25	红松	23.3						
26	红松	23.8						
27	红松	24.3						
28	红松	23.5						
29	红松	25.0						
30	红松	25.3						

表 B3b　本溪植物样地数据

本溪样地（阔叶混交林）			本溪样地（阔叶混交林）			本溪样地（阔叶混交林）		
序号	树种	胸径（cm）	序号	树种	胸径（cm）	序号	树种	胸径（cm）
1	椴树	9.6	1	榆树	37.9	1	色木	5.7
2	柞树	25.8	2	椴树	11.2	2	色木	8.2
3	椴树	7.2	3	椴树	35.2	3	柞树	8.9
4	榆树	8.0	4	柞树	5.0	4	色木	5.1
5	柞树	35.6	5	椴树	32.7	5	杨树	32.1
6	榆树	18.2	6	椴树	35.7	6	榆树	6.2
7	榆树	25.1	7	椴树	5.1	7	红松	5.1
8	椴树	35.6	8	椴树	5.0	8	色木	27.2
9	椴树	35.4	9	杨树	12.1	9	色木	32.3
10	柞树	32.3	10	椴树	10.2	10	色木	29.8
11	椴树	35.1	11	榆树	18.1	11	榆树	33.2
12	柳树	6.7	12	柞树	35.4	12	榆树	5.1
13	椴树	8.4	13	色木	7.2	13	色木	8.7
14	椴树	7.3	14	柞树	27.3	14	红松	16.0
15	椴树	31.2	15	榆树	7.9	15	榆树	39.6
16	柳树	12.3	16	椴树	36.7	16	榆树	26.2
17	柞树	30.3	17	榆树	32.2	17	杨树	35.1
18	柳树	21.4	18	杨树	12.1	18	红松	5.3
19	椴树	7.9	19	杂木	13.6	19	色木	5.2
20	椴树	7.8	20	椴树	11.9	20	色木	5.2
21	椴树	16.2	21	杨树	6.2	21	色木	6.4
22	椴树	7.2	22	榆树	11.2	22	红松	36.5
23	椴树	6.4	23	椴树	7.8	23	椴树	12.3
24	椴树	18.7	24	椴树	46.8	24	椴树	39.8
25	椴树	8.2	25	红松	9.1	25	桦树	30.2
26	柳树	5.1	26	杂木	10.2	26	曲柳	12.3
27	杂木	5.0	27	柞树	11.3	27	桦树	22.4
28	杂木	10.1	28	杨树	13.1	28	椴树	39.7
29	柳树	5.4	29	椴树	15.4	29	椴树	37.2
30	榆树	5.1	30	杂木	6.3	30	椴树	20.0
31	杂木	19.2	31	杨树	32.3	31	桦树	31.2

续表 B3b　本溪植物样地数据

本溪样地（阔叶混交林）			本溪样地（阔叶混交林）			本溪样地（阔叶混交林）		
序号	树种	胸径（cm）	序号	树种	胸径（cm）	序号	树种	胸径（cm）
32	柞树	29.3	32	椴树	12.1	32	杂木	38.5
33	椴树	7.2				33	榆树	9.1
34	椴树	7.8				34	红松	6.5
						35	榆树	15.8
						36	杂木	36.7
						37	桦树	8.6
						38	杂木	9.1
						39	椴树	12.1
						40	红松	11.2
						41	椴树	16.3
						42	杂木	19.3
						43	杂木	18.6
						44	柞树	19.7
						45	椴树	29.7
						46	椴树	23.4

表 B4a　抚顺植物样地数据

序号	树种	胸径（cm）	序号	树种	胸径（cm）	序号	树种	胸径（cm）
	抚顺样地（阔叶混交林）			抚顺样地（阔叶混交林）			抚顺样地（阔叶混交林）	
1	桦树	19.7	1	杨树	34.7	1	椴树	5.1
2	柞树	29.7	2	柞树	28.4	2	椴树	5.4
3	杂木	23.4	3	杂木	9.9	3	柞树	6.1
4	椴树	10.7	4	柞树	33.1	4	椴树	13.1
5	椴树	10.2	5	花曲柳	8.4	5	杨树	8.0
6	杂木	8.1	6	桦树	7.9	6	榆树	5.2
7	杨树	5.1	7	柞树	10.2	7	椴树	23.7
8	杨树	9.2	8	花曲柳	10.4	8	椴树	13.2
9	柞树	37.1	9	柞树	14.5	9	榆树	28.5
10	柞树	11.2	10	柞树	16.2	10	椴树	16.7
11	柞树	11.0	11	柞树	24.2	11	榆树	8.9
12	柞树	9.4	12	柞树	22.3	12	榆树	7.2
13	柞树	9.0	13	柞树	38.4	13	杂木	5.6
14	榆树	33.0	14	花曲柳	7.2	14	椴树	5.2
15	杂木	5.1	15	柳树	23.4	15	椴树	5.3
16	柞树	5.0	16	柞树	27.2	16	榆树	5.9
17	柞树	12.7	17	桦树	33.9	17	杨树	6.1
18	柳树	35.6	18	柳树	24.1	18	椴树	6.2
19	柞树	23.4	19	柳树	36.4	19	榆树	6.2
20	榆树	7.3	20	柞树	5.7	20	椴树	5.2
21	花曲柳	8.9	21	杨树	15.9	21	柞树	5.0
22	花曲柳	7.6	22	柞树	10.5	22	椴树	5.9
23	榆树	8.4	23	榆树	36.4	23	椴树	6.1
24	柞树	31.2	24	杂木	12.1	24	椴树	5.9
25	杂木	5.2	25	榆树	15.4	25	桦树	5.4
26	椴树	5.3	26	杨树	11.2	26	花曲柳	6.2
27	柞树	6.4	27	榆树	15.1	27	桦树	5.8
28	花曲柳	5.2	28	柞树	22.0	28	椴树	5.1
29	椴树	5.4				29	杂木	5.1
30	杂木	5.2				30	椴树	7.8
31	柞树	5.1				31	桦树	8.2

续表 B4a　抚顺植物样地数据

抚顺样地（阔叶混交林）			抚顺样地（阔叶混交林）			抚顺样地（阔叶混交林）		
序号	树种	胸径（cm）	序号	树种	胸径（cm）	序号	树种	胸径（cm）
32	柞树	27.4				32	杂木	5.1
33	花曲柳	5.2				33	榆树	5.1
34	杨树	5.0				34	椴树	26.0
35	杂木	5.2				35	榆树	26.5
36	柞树	6.7				36	椴树	5.0
37	柞树	5.7				37	桦树	34.2
38	柞树	28.4				38	杂木	5.0
39	榆树	37.2				39	椴树	8.1
40	柞树	6.4				40	椴树	37.4
41	椴树	5.1				41	椴树	19.1
42	柞树	5.4				42	椴树	40.0
43	榆树	8.4				43	椴树	26.5
44	花曲柳	5.9				44	椴树	35.9
45	杂木	5.4				45	椴树	16.1
46	柞树	9.9						
47	柞树	11.9						
48	柞树	5.1						
49	柳树	20.2						

表 B4b　抚顺植物样地数据

抚顺样地（阔叶混交林）			抚顺样地（阔叶混交林）			抚顺样地（阔叶混交林）		
序号	树种	胸径（cm）	序号	树种	胸径（cm）	序号	树种	胸径（cm）
1	柞树	33.4	1	杂木	5.1	1	柞树	9.9
2	杂木	7.5	2	杂木	5.0	2	花曲柳	5.1
3	柞树	21.2	3	花曲柳	33.9	3	杂木	6.4
4	杂木	23.9	4	榆树	6.4	4	杂木	8.5
5	榆树	5.2	5	杂木	7.2	5	榆树	22.2
6	柞树	33.6	6	杂木	7.2	6	杂木	7.2
7	椴树	43.1	7	椴树	40.5	7	红松	6.2
8	椴树	9.5	8	杂木	5.1	8	杂木	13.9
9	榆树	20.2	9	杂木	28.7	9	花曲柳	5.1
10	椴树	6.2	10	杂木	10.1	10	杂木	10.2
11	椴树	22.1	11	杂木	17.2	11	柞树	14.1
12	水曲柳	11.2	12	花曲柳	7.9	12	杂木	18.9
13	花曲柳	7.1	13	椴树	5.1	13	榆树	9.4
14	榆树	7.4	14	桦树	5.2	14	杂木	5.1
15	杂木	6.2	15	杂木	7.2	15	椴树	5.9
16	杂木	19.1	16	桦树	5.1	16	椴树	11.2
17	水曲柳	7.2	17	杂木	9.1	17	花曲柳	8.2
18	水曲柳	7.8	18	榆树	5.4	18	柞树	5.9
19	椴树	41.2	19	榆树	7.2	19	杂木	5.1
20	椴树	9.2	20	杂木	5.1	20	杂木	7.8
21	椴树	19.4	21	杂木	10.2	21	红松	5.2
22	柞树	25.2	22	花曲柳	11.9	22	杂木	8.4
23	花曲柳	9.1	23	桦树	17.9	23	椴树	8.3
24	椴树	11.9	24	杂木	23.2	24	杂木	6.2
25	水曲柳	14.3	25	柞树	5.2	25	榆树	14.1
26	柞树	30.2	26	桦树	7.2	26	杂木	9.1
27	椴树	20.3	27	椴树	8.2	27	花曲柳	9.2
28	榆树	22.2	28	杂木	9.0	28	红松	9.3
29	杂木	16.2	29	椴树	12.1	29	椴树	9.9
30	杂木	33.2	30	榆树	10.9	30	杂木	11.2
31	柞树	5.7	31	杂木	9.2	31	杂木	7.2
32	椴树	37.2	32	杂木	8.4	32	杂木	7.1
33	杂木	7.1	33	杂木	11.2	33	杂木	8.2
34	水曲柳	5.4	34	杂木	6.1	34	椴树	15.1
35	椴树	23.1	35	榆树	7.2	35	杂木	9.8
			36	椴树	7.2	36	红松	6.1
			37	杂木	10.1	37	花曲柳	10.2

续表 B4b　抚顺植物样地数据

抚顺样地（阔叶混交林）			抚顺样地（阔叶混交林）			抚顺样地（阔叶混交林）		
序号	树种	胸径（cm）	序号	树种	胸径（cm）	序号	树种	胸径（cm）
			38	杂木	6.3	38	榆树	12.1
			39	杂木	5.9	39	榆树	6.4
			40	桦树	8.7	40	花曲柳	6.1
			41	榆树	9.2	41	杂木	9.1
			42	杂木	7.9	42	杂木	9.9
			43	杂木	8.5	43	杂木	8.1
			44	杂木	6.7	44	杂木	6.5
			45	榆树	8.2	45	花曲柳	5.4
			46	榆树	11.2	46	花曲柳	6.8
			47	杂木	7.9	47	红松	8.3
			48	杂木	5.1	48	杂木	12.1
			49	榆树	7.4	49	杂木	6.1
			50	杂木	7.1	50	杂木	9.4
			51	杂木	7.1	51	杂木	7.2
			52	杂木	10.3	52	榆树	8.2
			53	椴树	7.9	53	杂木	6.7
			54	杂木	8.9	54	榆树	7.2
			55	椴树	6.2	55	杂木	16.4
			56	花曲柳	11.9	56	花曲柳	10.2
			57	花曲柳	10.3	57	椴树	6.1
			58	杂木	9.3	58	椴树	7.6
			59	杂木	7.1	59	杂木	8.2
			60	杂木	5.0	60	椴树	9.9
			61	柞树	9.2	61	杂木	8.9
			62	榆树	9.2	62	杂木	10.3
			63	杂木	8.4	63	杂木	12.7
			64	椴树	12.3	64	柞树	10.2
			65	杂木	6.8	65	杂木	11.3
			66	桦树	5.4	66	椴树	8.2
						67	杂木	5.4
						68	杂木	9.5
						69	杂木	7.2
						70	杂木	5.8
						71	杂木	9.2
						72	杂木	5.6

表 B5a　沈阳植物样地数据

序号	树种	胸径（cm）	序号	树种	胸径（cm）
	沈阳样地（杨树林）			沈阳样地（杨树林）	
1	杨树	21.3	1	杨树	12.5
2	杨树	20.3	2	杨树	13.4
3	杨树	21.6	3	杨树	12.6
4	杨树	20.0	4	杨树	14.1
5	杨树	18.7	5	杨树	16.0
6	杨树	18.3	6	杨树	14.5
7	杨树	20.3	7	杨树	17.4
8	杨树	21.3	8	杨树	16.8
9	杨树	18.1	9	杨树	13.5
10	杨树	22.7	10	杨树	15.7
11	杨树	19.8	11	杨树	15.7
12	杨树	20.9	12	杨树	18.0
13	杨树	18.2	13	杨树	13.2
14	杨树	18.3	14	杨树	16.5
15	杨树	19.3	15	杨树	14.4
16	杨树	18.3	16	杨树	13.2
17	杨树	20.8	17	杨树	15.0
18	杨树	22.5	18	杨树	17.2
19	杨树	21.7	19	杨树	15.8
20	杨树	18.4	20	杨树	15.3
21	杨树	18.2	21	杨树	14.4
22	杨树	19.7	22	杨树	15.6
23	杨树	21.8	23	杨树	17.3
			24	杨树	13.9
			25	杨树	17.5
			26	杨树	13.6
			27	杨树	15.1
			28	杨树	17.2

表 B5b　沈阳植物样地数据

沈阳样地（杨树林）			沈阳样地（油松林）		
序号	树种	胸径（cm）	序号	树种	胸径（cm）
1	杨树	26.2	1	油松	21.0
2	杨树	20.3	2	油松	18.5
3	杨树	21.6	3	油松	21.0
4	杨树	20.0	4	油松	15.9
5	杨树	18.7	5	油松	18.8
6	杨树	18.3	6	油松	15.3
7	杨树	20.3	7	油松	18.7
8	杨树	21.3	8	油松	21.1
9	杨树	18.1	9	油松	20.9
10	杨树	22.7	10	油松	19.0
11	杨树	19.8	11	油松	20.2
12	杨树	20.9	12	油松	16.9
13	杨树	18.2	13	油松	18.8
14	杨树	18.3	14	油松	19.4
15	杨树	19.3	15	油松	18.4
16	杨树	18.3	16	油松	18.8
17	杨树	20.8	17	油松	17.6
18	杨树	22.5	18	油松	17.3
19	杨树	21.7	19	油松	18.6
20	杨树	18.4	20	油松	17.7
21	杨树	18.2	21	油松	21.3
22	杨树	19.7	22	油松	19.4
			23	油松	20.2
			24	油松	16.0
			25	油松	20.5
			26	油松	20.9
			27	油松	17.5
			28	油松	16.8
			29	油松	16.3
			30	油松	20.5
			31	油松	20.5
			32	油松	17.3

表 B6a　铁岭植物样地数据

序号	树种	胸径（cm）	序号	树种	胸径（cm）	序号	树种	胸径（cm）
铁岭样地（阔叶混交林）			铁岭样地（阔叶混交林）			铁岭样地（阔叶混交林）		
1	水曲柳	7.2	1	柞树	44.5	1	红松	35.6
2	桦树	19.8	2	柞树	27.2	2	杂木	5.6
3	水曲柳	34.2	3	椴树	24.5	3	杂木	5.7
4	柞树	10.3	4	椴树	7.2	4	柞树	15.6
5	椴树	7.2	5	红松	6.4	5	椴树	17.6
6	杂木	25.2	6	杨树	12.2	6	杂木	23.8
7	柞树	22.4	7	柞树	6.1	7	椴树	31.2
8	红松	6.2	8	椴树	11.6	8	榆树	29.2
9	花曲柳	5.4	9	红松	32.4	9	椴树	28.9
10	花曲柳	6.4	10	花曲柳	10.5	10	椴树	35.1
11	花曲柳	10.2	11	柞树	5.4	11	杂木	13.1
12	柳树	5.4	12	柞树	26.5	12	水曲柳	14.3
13	柞树	13.4	13	榆树	44.5	13	柞树	8.2
14	花曲柳	9.2	14	榆树	22.5	14	杂木	6.8
15	柳树	16.7	15	榆树	23.4	15	椴树	28.4
16	椴树	6.2	16	桦树	5.2	16	胡桃楸	22.3
17	榆树	7.2	17	杨树	19.3	17	胡桃楸	41.2
18	柞树	28.2	18	椴树	22.5	18	桦树	7.9
19	柳树	13.2	19	椴树	40.0	19	桦树	23.2
20	桦树	5.1	20	柞树	36.7	20	杨树	6.2
21	椴树	7.2	21	柞树	5.4	21	柞树	5.2
22	柞树	13.6	22	榆树	13.7	22	红松	5.2
23	红松	9.1	23	柞树	30.2	23	杂木	5.2
24	椴树	20.3	24	杂木	10.3	24	柞树	5.4
25	杂木	5.2	25	杂木	8.2	25	花曲柳	5.1
26	花曲柳	11.7	26	杂木	29.4	26	杂木	19.4
27	椴树	11.9	27	榆树	42.9	27	椴树	10.4
28	桦树	20.3				28	柞树	18.4
29	杨树	23.2				29	杂木	8.3
30	红松	5.3				30	胡桃楸	26.5
31	红松	31.2				31	柞树	7.2

续表 B6a　铁岭植物样地数据

序号	树种	胸径（cm）	序号	树种	胸径（cm）	序号	树种	胸径（cm）
32	榆树	31.2				32	杨树	38.4
33	杂木	14.5				33	柞树	18.4
34	红松	28.7				34	柳树	19.2
35	椴树	19.0				35	杨树	16.1
36	杨树	24.1				36	花曲柳	18.2
37	杨树	20.3				37	桦树	6.5
38	柞树	13.4				38	红松	11.2
39	榆树	13.2						
40	水曲柳	23.4						
41	柞树	5.4						
42	桦树	30.4						
43	榆树	37.2						
44	榆树	7.8						
45	椴树	19.4						
46	杨树	42.5						
47	杨树	15.9						
48	红松	8.0						

铁岭样地（阔叶混交林）　铁岭样地（阔叶混交林）　铁岭样地（阔叶混交林）

表 B6b　铁岭植物样地数据

序号	树种	胸径（cm）	序号	树种	胸径（cm）	序号	树种	胸径（cm）
	铁岭样地（阔叶混交林）			铁岭样地（阔叶混交林）			铁岭样地（阔叶混交林）	
1	椴树	17.6	1	柞树	42.1	1	杂木	6.5
2	桦树	5.4	2	桦树	33.2	2	杨树	17.2
3	柞树	24.3	3	柞树	32.6	3	柞树	33.6
4	柞树	11.3	4	杨树	9.8	4	柞树	33.4
5	红松	6.4	5	榆树	7.2	5	柞树	24.9
6	桦树	8.6	6	榆树	5.0	6	杂木	31.9
7	柞树	11.2	7	桦树	36.7	7	柞树	13.2
8	柞树	42.7	8	红松	10.8	8	杂木	26.3
9	榆树	17.2	9	红松	5.1	9	杂木	5.3
10	杨树	26.3	10	柞树	6.2	10	柳树	18.9
11	榆树	14.3	11	杨树	7.8	11	杂木	5.2
12	柞树	39.8	12	杂木	5.4	12	杂木	8.5
13	榆树	29.3	13	榆树	14.2	13	桦树	39.3
14	杨树	14.6	14	榆树	9.1	14	桦树	36.5
15	榆树	18.1	15	柳树	5.4	15	柳树	22.0
16	油松	5.4	16	柳树	17.8	16	榆树	40.5
17	柞树	28.3	17	椴树	5.1	17	油松	5.3
18	椴树	10.4	18	椴树	5.6	18	胡桃楸	25.4
19	柳树	14.8	19	榆树	20.4	19	桦树	5.1
20	榆树	11.2	20	水曲柳	9.4	20	柞树	18.5
21	柞树	14.5	21	椴树	20.4	21	柞树	29.3
22	柳树	13.4	22	水曲柳	8.2	22	柳树	6.3
23	柞树	12.5	23	红松	27.2	23	杨树	5.2
24	椴树	20.3	24	杨树	34.1	24	柳树	28.7
25	椴树	21.2	25	杂木	42.3	25	柳树	36.7
26	花曲柳	11.2				26	柞树	15.1
27	红松	7.2				27	桦树	42.0
28	柞树	11.2				28	柳树	5.1
29	柞树	38.3				29	柳树	11.9
						30	桦树	18.9
						31	榆树	6.2
						32	杨树	10.4
						33	红松	6.1
						34	杂木	5.1
						35	柞树	5.0
						36	花曲柳	6.0
						37	杂木	5.0
						38	红松	5.4

表 B7a　营口植物样地数据

营口样地（阔叶混交林）			营口样地（阔叶混交林）		
序号	树种	胸径（cm）	序号	树种	胸径（cm）
1	杨树	5.5	1	油松	6.6
2	柞树	16.6	2	花曲柳	5.0
3	柳树	8.1	3	柳树	6.5
4	柳树	18.3	4	柳树	5.5
5	柳树	5.8	5	榆树	12.8
6	花曲柳	11.8	6	杂木	13.7
7	椴树	5.4	7	杨树	5.0
8	杂木	7.1	8	柳树	5.1
9	椴树	14.0	9	油松	11.2
10	杨树	38.9	10	花曲柳	6.4
11	花曲柳	30.6	11	杨树	5.1
12	油松	35.0	12	杂木	19.2
13	杨树	22.4	13	油松	8.3
14	柳树	31.2	14	油松	11.2
15	柳树	23.6	15	椴树	19.0
16	椴树	9.0	16	柳树	7.2
17	花曲柳	30.0	17	油松	17.9
18	杨树	46.8	18	柞树	6.3
19	椴树	15.4	19	柳树	18.6
20	花曲柳	6.9	20	油松	20.0
21	杂木	8.1	21	榆树	38.1
22	柳树	15.7	22	柳树	18.2
23	榆树	9.3	23	杨树	6.2
24	柳树	15.3	24	杨树	12.0
25	椴树	24.6	25	杂木	5.1
26	柞树	11.9	26	椴树	5.2
27	油松	33.1	27	榆树	19.9
28	油松	6.6	28	油松	6.1
29	花曲柳	5.0	29	杨树	10.8
30	柳树	6.5	30	花曲柳	31.5
31	柳树	5.5	31	榆树	12.3
32	榆树	12.8	32	柳树	10.4

续表 B7a　营口植物样地数据

营口样地（阔叶混交林）			营口样地（阔叶混交林）		
序号	树种	胸径（cm）	序号	树种	胸径（cm）
33	杂木	13.7	33	柳树	23.2
34	油松	26.0	34	油松	21.0
35	柳树	23.5	35	杨树	6.5
36	落叶松	14.5	36	榆树	6.6
37	杂木	21.2	37	椴树	17.6
38	椴树	25.6	38	杂木	12.2
			39	柞树	22.9
			40	椴树	6.1
			41	花曲柳	20.3
			42	榆树	6.5
			43	榆树	8.4
			44	花曲柳	14.7
			45	杨树	12.4
			46	杂木	7.6
			47	杨树	8.9
			48	柳树	6.9
			49	油松	6.0
			50	榆树	6.9
			51	榆树	5.4
			52	柳树	40.2
			53	椴树	5.4
			54	榆树	9.1
			55	柞树	24.8
			56	花曲柳	10.2
			57	花曲柳	21.1
			58	榆树	10.1
			59	榆树	43.7

表 B7b　营口植物样地数据

营口样地（阔叶混交林）			营口样地（阔叶混交林）		
序号	树种	胸径（cm）	序号	树种	胸径（cm）
1	榆树	7.7	1	油松	16.8
2	榆树	14.7	2	油松	37.2
3	柞树	14.8	3	榆树	22.8
4	花曲柳	9.7	4	柳树	20.1
5	杂木	10.2	5	杨树	27.5
6	柳树	11.4	6	柞树	9.4
7	柳树	5.8	7	杂木	7.1
8	椴树	5.8	8	柳树	11.0
9	椴树	39.7	9	榆树	13.2
10	柳树	12.5	10	柳树	41.8
11	椴树	20.4	11	柳树	9.7
12	榆树	7.7	12	椴树	34.7
13	花曲柳	16.5	13	油松	11.8
14	杨树	10.6	14	油松	7.6
15	杨树	5.4	15	油松	10.8
16	花曲柳	21.4	16	杂木	9.8
17	油松	16.3	17	油松	27.5
18	榆树	8.2	18	杂木	30.2
19	油松	10.1	19	杨树	8.8
20	柳树	18.1	20	杨树	11.2
21	杨树	6.1	21	杂木	24.1
22	榆树	5.4	22	油松	8.8
23	杨树	41.9	23	杨树	8.3
24	榆树	8.5	24	杂木	16.4
25	椴树	5.2	25	榆树	8.5
26	柞树	36.7	26	杂木	10.3
27	椴树	9.2	27	花曲柳	18.7
28	杨树	11.8	28	柳树	14.9
29	杂木	5.4	29	杂木	9.6
30	花曲柳	12.6	30	杂木	21.3
31	椴树	6.1	31	油松	34.2
			32	杨树	21.5
			33	杨树	32.7
			34	杨树	31.6
			35	油松	11.5

续表 B7b　营口植物样地数据

营口样地（阔叶混交林）	营口样地（阔叶混交林）		
	序号	树种	胸径（cm）
	36	油松	8.4
	37	杂木	12.4
	38	椴树	5.4
	39	花曲柳	5.5
	40	杂木	12.9
	41	油松	8.4
	42	油松	24.4
	43	柞树	12.8
	44	杂木	15.6
	45	花曲柳	25.3
	46	杨树	7.5
	47	柞树	24.2
	48	杂木	21.1
	49	油松	17.4
	50	柳树	18.3
	51	椴树	16.3
	52	柞树	9.6
	53	柳树	8.2
	54	花曲柳	8.5
	55	椴树	13.3
	56	油松	42.1
	57	花曲柳	14.5
	58	花曲柳	23.6
	59	榆树	5.4
	60	杨树	17.1
	61	榆树	6.0
	62	杨树	5.7
	63	花曲柳	5.3
	64	杂木	17.6
	65	椴树	9.7
	66	榆树	24.6
	67	油松	5.4
	68	花曲柳	13.9
	69	柳树	22.2
	70	榆树	13.4

后记

本书即将出版，特向在撰写过程中给予笔者大力支持和帮助的各位专家、同事和同学表示衷心的感谢。

感谢国家自然科学基金委员会、中国科学院沈阳应用生态研究所、天津大学、沈阳建筑大学等组织单位对本书创作给予的平台和机遇。本书的前期研究工作得到了国家自然科学基金面上项目（51878418）及国家自然科学青年基金（52008267）的资助。

感谢天津大学运迎霞教授，中国科学院沈阳应用生态研究所郗凤鸣研究员、刘淼研究员，沈阳建筑大学李绥教授、付士磊教授、彭晓烈教授、李殿生教授、周诗文博士、刘冲博士、李振兴博士以及沈阳建筑大学空间研究院的各位老师和同学，你们无私的付出让我受益良多。

感谢辽宁科学技术出版社对于本书的最终付梓做出的细致认真的出版工作。

在本书创作的过程中，笔者学习借鉴了国内外许多学者的研究理论，也总结整理了研究团队在城市生态规划、低碳绿色规划方面课题的部分成果，并得到了团队老师和同学的指导和建议。书中许多应用成果是团队老师和学生在实践中经过刻苦钻研而收获的结晶，这使得本书提出的方法和结论具有很强的现实指导价值，在此，笔者对所有人的努力付出钦佩之至。

笔者希望本书的出版能够帮助读者朋友从碳中和目标下碳源碳汇规划的视角出发，应用生态规划技术方法进行当下城乡空间规划设计，从而实现城市的低碳与可持续发展。鉴于笔者学术水平与实践经验有限，研究深度及写作论述不足，书中难免有疏漏与不妥之处，恳请广大读者批评指正并提出宝贵意见。

石 羽

2021 年 9 月 10 日